电子实训与 LED 灯具场景控制

主　编　梁季彝　唐幸儿
副主编　吴小蝶　李毅锋
参　编　钟浩然　陈虹安　朱　娜　梁嘉濠
　　　　黄耀辉　许文靖　郭华顺

东南大学出版社
SOUTHEAST UNIVERSITY PRESS
·南京·

图书在版编目(CIP)数据

电子实训与 LED 灯具场景控制 / 梁季彝,唐幸儿主编.
南京:东南大学出版社,2020.5
ISBN 978 - 7 - 5641 - 8886 - 3

Ⅰ. ①电… Ⅱ. ①梁… ②唐… Ⅲ. ①电子技术 ②发
光二极管-灯具-设计 Ⅳ. ①TM ②TN383

中国版本图书馆 CIP 数据核字(2020)第 067293 号

电子实训与 LED 灯具场景控制

出版发行	东南大学出版社	
出 版 人	江建中	
责任编辑	胡中正	
社　　址	南京市四牌楼 2 号	
邮　　编	210096	
经　　销	全国各地新华书店	
印　　刷	兴化印刷有限责任公司	
开　　本	787 mm×1092 mm　1/16	
印　　张	8.75	
字　　数	250 千字	
书　　号	ISBN 978 - 7 - 5641 - 8886 - 3	
版　　次	2020 年 5 月第 1 版	
印　　次	2020 年 5 月第 1 次印刷	
定　　价	38.00 元	

＊本社图书若有印装质量问题,请直接与营销部联系,电话:025 - 83791830。

前　言

随着电子产品的广泛应用以及各种不同场合对灯具的需求,各高校逐渐开展电子技术实训与灯具场景控制相关课程,目的是培养学生的自主动手能力。电子实训与灯具场景控制是一门多学科融合的课程,编者根据教育部最新的教学改革要求,结合多年的专业建设和课程改革实践与成果,采用项目引导、任务驱动的形式编写了本书。

全书共分为四章:第1章主要是基本电子电路设计,由9个项目构成;第2章是基于单片机的电子电路设计,包括LED流水灯设计和倒计时电子线路设计2个项目;第3章介绍LED照明系统的浪涌解决方案;第4章介绍DIALux照度模拟软件使用。

本书体系新颖、内容丰富、图文并茂、实用性突出,可作为高等职业本、专科院校自动化类、电子信息类等专业的教材,也可作为开放大学、成人教育、自学考试、中职学校和培训班的教材,以及工程技术人员的参考工具书。

编　者

2019.12

目　录

第1章 基本电子电路设计

项目1 电蚊拍的装配与检验

任务 1.1 电蚊拍的装配

【材料与工具】

材料与工具清单见表 1-1。

表 1-1 材料与工具清单

元器件	规格	数量
电蚊拍套件	—	1套
螺丝刀	一字、十字	2把
电烙铁	40 W/220 V	1把
烙铁架	普通	1个
锡丝	Sn63 ϕ 0.6	30 cm
松香	普通	1盒
剪线钳	sm-150	1把
镊子	普通	1把
导线	普通	若干

【任务内容】

1. 电蚊拍的装配

在装配之前,让我们先来认识下电蚊拍装配中所用到的各种器件,该电蚊拍的配件较多,其明细如表 1-2 所示。

表 1-2 电蚊拍配件一览表

名称	实物图	描述
主控制板		主控制板负责 AC 220 V 输入降压整流,之后通过高频变压器及后级二极管与电容组成升压电路为电蚊拍提供小功率的高压

名称	实物图	描述
小金属栅网	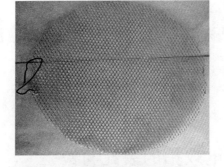	小金属栅网作为电蚊拍放电的正极，其处在最中间层，采用细密栅网，防止蚊虫飞过
小金属栅网夹板		小金属栅网夹板有两层，两层小金属栅网夹板负责夹住小金属栅网，起固定作用
大金属栅网和橙色外框		大金属栅网作为电蚊拍放电的负极，其处在最外层，栅网的网格比较大，利于蚊虫飞过接触放电正极
电源开关和放电开关		左边的为电源开关，负责整个系统的供电，在供电的情况下，必须按住右边的放电开关才可以电击蚊虫
AC 220 V 插座	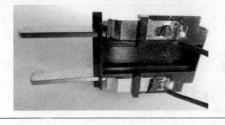	本电蚊拍所使用的 AC 220 V 插座为伸缩式，体积非常小巧，在焊接电源线时，不可加热太久，否则插座可能变形

名称	实物图	描述
电池		本电蚊拍所使用的电池为可充电的蓄电池,体积小巧,电量储存较大,电源质量好,使用时一定要注意正负极
螺丝		装配固定各种配件螺丝
手柄		手柄上面有许多卡扣,注意卡扣的位置

(1) 金属栅网的装配

电蚊拍头部的装配按照工作指导书的要求进行装配,工作指导书见表1-3。

表 1 - 3 电蚊拍头部的装配指导书

装配工序	图示	装配说明
焊接大金属栅网引线	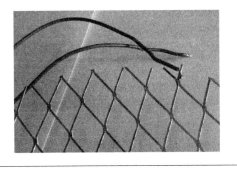	焊接时,先用剥线钳把引线剥掉头部,并蘸上焊锡;剥线时要剥两条引线,因为大金属栅网有两面都需要引线

装配工序	图示	装配说明
固定卡位大金属栅网	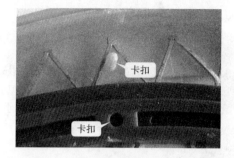	将大金属栅网放入橙色外框内部,并放上小金属栅网夹板,当听到清脆的一响声,表明卡扣已吻合
固定大金属栅网并放置小金属栅网夹板	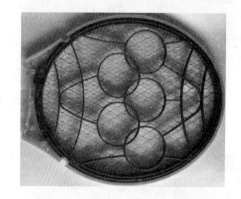	将小金属栅网放在小金属栅网夹板上,并用电烙铁使塑料变形,简易固定小金属栅网
焊接小金属栅网引线,并简易固定小金属栅网		将红细导线焊接在小金属栅网上面,在焊接小金属栅网时,注意不可太用力,否则小金属栅网会损坏;在固定小金属栅网时,由于没有特别的元件设定,直接加热塑料夹板简易固定即可
将夹好的小金属栅网层固定在橙色外框内	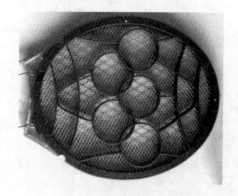	将另一小金属栅网夹板放在小金属栅网上,放置时注意与橙色外框卡扣吻合

装配工序	图示	装配说明
焊接好另一端大金属栅网引线		将红细导线焊接在另一大金属栅网上面,由于两个大金属栅网同为放电的负极,所以要把大金属栅网的两根引线焊接在一起
焊接好的效果图	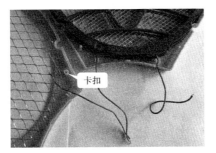	将另一橙色外框盖在上面即可,在盖的时候注意卡扣的紧密性,当听到清脆的响声,表明卡扣已吻合
将两橙色外框装配起来		装配完工的电蚊拍头部如左图所示,有三根引线引出,其中两根为连在一起的大金属栅网的负极,另一根为连在小金属栅网的正极

（2）主板的装配

电蚊拍内部模块的装配按照工作指导书的要求进行装配,工作指导书见表 1-4。

表 1-4　电蚊拍内部模块装配的工作指导书

装配工序	图示	装配说明
连接电蚊拍头部到主控制板上	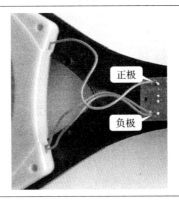	把大金属栅网(2 根线)与小金属栅网(1 根线)焊接在电路板的最上面焊点处

装配工序	图示	装配说明
连接 AC 220 V		将蓝色镀锡线的一端焊接到 AC 220 V 电源插头上面,另一端焊接在电路板电源的输入端上
卡位 AC 220 V 电源插头		将 AC 220 V 电源插头插入到电蚊拍把手的最尾处,注意卡扣槽的吻合性
焊接电池	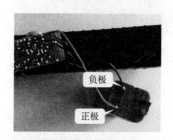	电池的安装,一定要分清正负极,否则有爆炸的危险。为安全起见,一定要等所有配件装配完毕后,方可安装电池
安装电源开关与按钮		将放电开关按钮卡在电蚊拍手柄内,注意安装时的卡位,并安装好电源开关帽到电源开关的拨动头上
固定主控制板		将两指示灯的引脚扶正,并对准电蚊拍手柄的两只 LED 灯位孔,安装好并固定主板

续表 1 - 4

装配工序	图示	装配说明
固定电池及导线	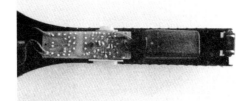	将电池和电源开关以及放电按钮卡好位置,并整理好线路布线。安装完毕的内部模块如左图所示

（3）电源插片的装配

前后盖的装配按照工作指导书的要求进行装配,工作指导书见表 1-5。

表 1-5　前后盖装配的工作指导书

装配工序	图示	装配说明
卡扣手柄		将手柄卡位好电蚊拍头部,正常情况下,卡位应该比较紧,并在卡位成功时有响声;把 AC 220 V 穿过手柄的孔位,并使手柄的所有卡位正常卡位即可
螺丝固定手柄		用螺丝固定电蚊拍手柄,固定时不可太紧,也不可太松,适中为好

续表 1-5

装配工序	图示	装配说明
检查完成	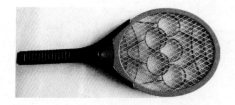	装配完成后,清理所有杂物,并测试电蚊拍的机械特性是否正常。装配完工后如左图所示

装配完成的电蚊拍如图 1-1 所示。

图 1-1　装配完成的电蚊拍

2. 完成工艺卡

请根据自己的实际情况完成表 1-6 所示电蚊拍装配生产工艺卡的填写。

表 1-6　电蚊拍装配工艺卡

产品名称:电蚊拍　　　　　生产批次:　　　　　　　_____年_____月_____日

工序	项目内容	核对情况		检查人	工号	备注
		是	否			
安装金属栅网	金属栅网是否稳固					
	正极引线与小金属栅网是否连接					
	负极引线与大金属栅网是否连接					
插装主板	正负极引线是否焊接正确					
	AC 220 V 是否焊接正确					
	电池的正负极是否焊接正确					
	红绿 LED 灯是否正确卡位					
	电源开关和放电按键能否正常使用					
总装	各模块或整个电蚊拍是否稳固					
	手柄与金属栅网是否稳固连接					
	整机是否有损坏					

任务 1.2　电蚊拍电路检测

【任务内容】

1. 电路原理图

电蚊拍电路原理图如图 1-2 所示。

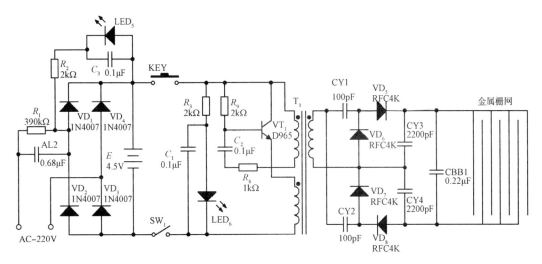

图 1-2　电蚊拍电路原理图

如图 1-2 所示,它主要由高频振荡电路、三倍压整流电路和高压电击网三部分组成,按下放电开关 KEY,由三极管 VT_1 和 T_1 构成的高频振荡器得电工作,把 4.5 V 直流电变成交流电,经 T_1 升压到高电压,再经过二极管和电容组成的三倍压整流升到几千伏的高压,加到电蚊拍的金属网上,当蚊虫触及金属网时,虫体造成电网短路,即会被电网内的高压击晕或击毙。

2. 电压的测量

通电 AC 220 V,然后根据电路图,使用万用表测量电压,并将电压记录下来。

二极管 VD_1 正端与二极管 VD_3 的负端的电压差＝_____;

电池两端电压＝_____;

T_1 高频变压器输入端电压＝_____;

T_1 高频变压器输出端电压＝_____;

CBB1 电容两端电压＝_____;

注意:在测量时特别要注意人身安全,尤其是后级高压电路处在几千伏的高压状态。

3. 检验

在装配和焊接过程中可能会造成元件的损坏,因此在电蚊拍装配完成后可能会因为各种故障而无法工作。那么遇到故障,我们如何处理呢? 电蚊拍的电路分为三个部分,且电路简单,下面我们从两个部分来进行检验。

(1)电源及充电电路的检验

电蚊拍装配完成后,接入交流 220 V 市电,打开电源开关后,可以看到电源指示灯发光,如果检测灯不亮,则说明电蚊拍的电源部分出现故障。根据电路原理图大致分析判断故障的位置,再通过对元器件的检测,找到损坏的元器件,更换好的元器件即可。该部分故障检修流程如图 1-3 所示。

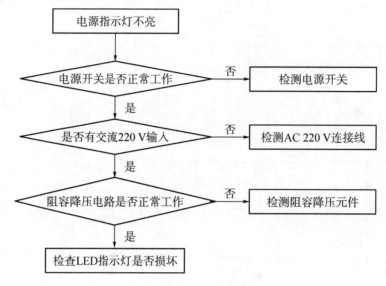

图 1-3 电源及信号放大模块故障检修流程

（2）变频及升压电路的检验

电蚊拍的变频电路是由 VT_1 主元件组成,若不能产生高频电压时,可基本确定是 VT_1 或高频变压器出现了故障;升压电路由高频变压器及二极管和电容构成的三倍压电路组成,升压电路部分,元器件比较少,检测比较容易。变频及升压电路的检修流程如图 1-4 所示。

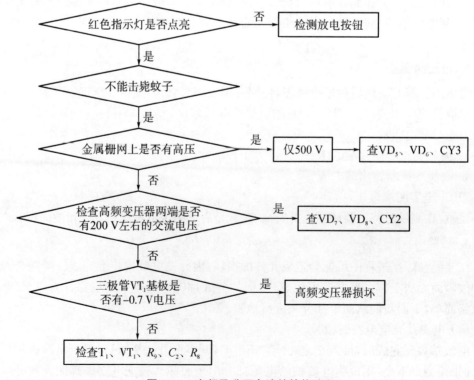

图 1-4 变频及升压电路的检修流程

【思考与探究】

（1）电蚊拍电路由哪几部分组成？

（2）塑料软导线的加工有哪些步骤？

（3）简述电蚊拍电路工作原理。

项目2　万能充电器的测量与检验

任务2.1　万能充电器的测量

【材料与工具】

表1-7　材料与工具清单

元器件	规格	数量
万能手机充电器	JC820	1个
螺丝刀	一字、十字	2把
镊子	普通	1把
万用表	指针式	1个
示波器	普通	1台

【任务内容】

1. 充电器电路原理图分析

JC820型充电器电路由开关电源和充电电路两部分组成，各部分电路组成如图1-5所示。

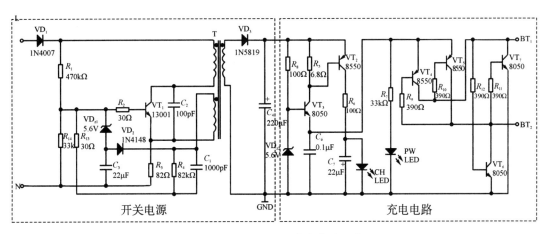

图1-5　JC820型充电器电路组成

开关电源：是一种利用开关功率器件并通过功率变换技术而制成的直流稳压电源。当充电器L、N两端接入220 V交流电源后，通过间歇振荡电路组成的开关电源，在C_4的两端获得9 V的直流电，供充电电路工作。

充电电路：VT_2 与 CH 组成充电指示电路，R_7 与 PW 组成电池好坏检测及电源通电指示电路，$VT_4 \sim VT_7$ 组成自动识别电池极性的电路。BT_1 端、BT_2 端跟电池正、负极接上就可以进行电池充电。

2. 测量

在万能手机充电器电路原理图中加入四个测量点用于测量，如图 1-6 所示。

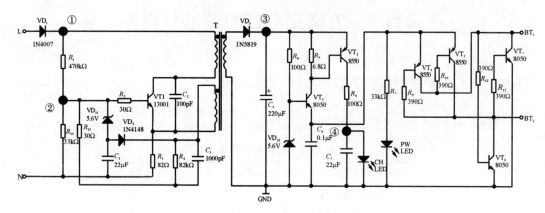

图 1-6　万能手机充电器电路原理图

（1）电压的测量

根据电路图标记，使用万用表测量①、②、③、④四个点对地的电压，并将电压记录下来。

$U_1 = \underline{\hspace{2cm}}$ ；

$U_2 = \underline{\hspace{2cm}}$ ；

$U_3 = \underline{\hspace{2cm}}$ ；

$U_4 = \underline{\hspace{2cm}}$ 。

注意：在测量时特别要注意安全，①、②点均为热电部分，操作时要特别小心。

（2）波形的测量

使用示波器测量高频变压器输出级的电压波形和整流滤波后的电压波形，即整流二极管 VD_3 两端的电压波形，并将波形记录在表 1-8 中。

表 1-8　波形的测量

测量点	波形

（3）输出电压的测量

使用万用表的电压挡测量万能手机充电器的输出电压，万用表两个表笔分别接万能手机充电器的两个金属触片,红表笔接左边金属触片,黑表笔接右边金属触片,得到电压 U_5,黑表笔接左边金属触片,红表笔接右边金属触片,得到电压 U_6,将两个电压值记录下来。

$U_5 =$ _____ ;

$U_6 =$ _____ 。

任务2.2　万能充电器的检验与调试

【任务内容】

1. 检验步骤

一件电子产品生产完成后需要通电检验或调试,万能手机充电器装配完成后也需要进行通电检验,检验的步骤如表 1-9。

表 1-9　万能手机充电器检验步骤

步骤	图示	步骤说明及结果
接入交流 220 V	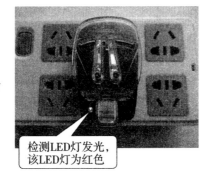 检测LED灯发光,该LED灯为红色	将万能手机充电器插入 220 V 插座中,可以看到万能手机充电器面板上检测 LED 灯发光,该 LED 灯为红色
接入手机电池	 检测LED灯发光,该LED灯为红色	在万能手机充电器中放入一块手机电池,电池的正负极良好接触到金属触片,可以看到万能手机充电器面板上检测 LED 灯发光,该 LED 灯为红色
对手机电池充电	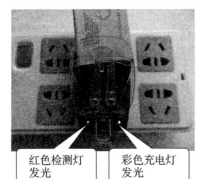 红色检测灯发光　彩色充电灯发光	将万能手机充电器插入 220 V 插座中,然后在万能手机充电器中放入任一型号的一块手机电池,电池的正负极良好接触到金属触片,可以看到检测 LED 灯和充电灯都发光,充电灯为彩色,表明电池正在充电

2. 故障分析

在万能手机充电器装配和焊接过程中有可能造成元器件的损坏,因此在万能手机充电器装配完成后可能会因为各种故障而无法使用。那么遇到故障,我们如何处理呢?万能手机充电器的电路分为两个部分,下面我们从两个部分来进行检验。

(1)开关电源部分的故障分析

万能手机充电器装配完成后,接入交流 220 V 市电,可以看到检测灯发光,如果检测灯不亮,则说明万能手机充电器的开关电源部分出现故障。根据电路原理图大致分析判断故障的位置,再通过对元器件的检测,找到损坏的元器件,更换好的元器件即可。该部分故障检修流程如图 1-7 所示。

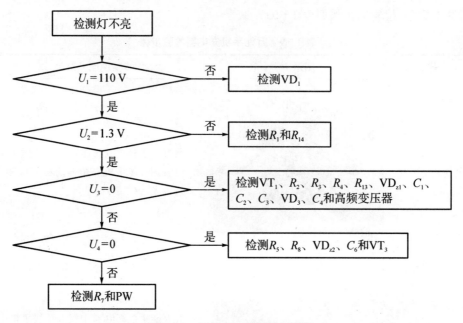

图 1-7 开关电源故障检修流程

(2)充电电路部分的故障分析

万能手机充电器没有接入交流 220 V 市电时,打开充电器上盖,将手机电池装入,使手机电池的正负极与金属触片良好接触,此时可以看到检测灯发光,如果检测灯不亮,则说明充电电路部分出现故障。

充电电路部分,元器件比较少,检测比较容易。故障检修流程如图 1-8 所示。

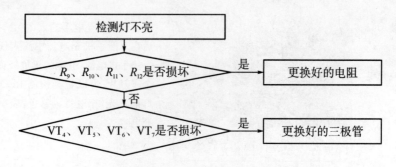

图 1-8 充电电路故障检修流程

【思考与探究】

(1) VD_1 和 VD_3 的作用是什么,可否用其他的电路替换?

(2) 焊接完成后是否可以马上通电测试,为什么?

(3) 当万能手机充电器接入交流 220 V 市电时检测灯不亮,试分析故障检修流程。

项目 3　电源电路制作与参数测量

任务 3.1　电源电路制作

【材料与工具】

表 1-10　材料与工具清单

序号	类别	名称	数值或型号	个数	单位
1	万用板	—	—	1	块
2	工具	—	—	1	套
3	二极管	$VD_1 \sim VD_4$	1N4001	4	只
4	电解电容	C	470 μF/50 V	1	只
5	电阻	R_1	270 Ω/0.5 W	1	只
6	电阻	R_2	12 kΩ	1	只
7	稳压二极管	VD_z	12 V	1	只
8	发光二极管	LED	—	1	只

【任务内容】

(1) 读懂电路原理图

安装之前,必须首先熟悉电路的组成和工作原理,了解信号的性质和来龙去脉,以便对各元器件进行合理布局和正确走线,确保优良的电气性能。

(2) 元器件的布局与走线

各元件按原理图上的顺序排列,以每个功能电路的核心元件为中心,均匀分布其他各元件。输入端与输出端的元件应尽量远离,输入端与输出端的信号线不能靠近,更不能平行,以免互相干扰。

(3) 各种可调元件位置应该力求便于操作、调整和安装。为了便于测试,在需要检测的部位设置电压探测导线柱或电流检测切口焊盘。

(4) 正确安装电路,焊接可靠,无错焊、假焊、脱焊等。

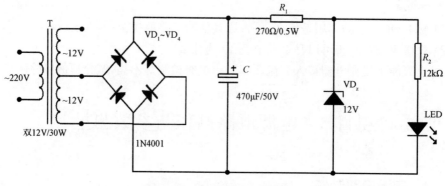

图 1‑9　电源电路原理图

任务 3.2　电源电路的参数测量

【材料与工具】

（1）数字式万用表 1 块。

（2）示波器 1 台。

【任务内容】

1. 电源电路通电测试

（1）让老师检查电路的安全性能、元器件安装正确与否。

（2）通电测试。接通电源，观察元器件的工作情况是否正常，例如温度变化等，若发现某元件温度过高，马上拔开电源线，重新检查电路。

（3）若指示灯未发光，试着改变 R_2 阻值，请问 R_2 阻值如何计算，最佳阻值是多少？

2. 用万用表测量电路参数

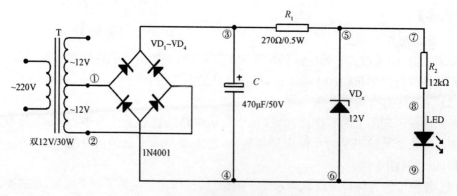

图 1‑10　电源电路测试点

测量下列参数并填入表 1‑11 中：

（1）用万用表交流电压挡测量①、②两点的电压有效值；

（2）用直流电压挡测量③、④两点的直流电压；

（3）测量 R_1 两端③、⑤两点的电压，并计算 R_1 的电流；

（4）测量稳压管⑤、⑥两点的电压；

（5）测量 R_2 两端⑦、⑧两点的电压，并计算 R_2 的电流；

（5）测量发光二极管两端⑧、⑨两点的电压；

（6）计算稳压管的电流（$=I_{R_1}-I_{R_2}$）。

表 1-11　测量参数值

变压器二次绕组电压①、②	整流滤波后电压③、④	R_1 两端的电压③、⑤	R_1 电流 I_{R_1}	稳压管两点的电压⑤、⑥	R_2 两端的电压⑦、⑧	R_2 电流 I_{R_2}	发光二极管两端电压⑧、⑨	稳压管的电流 I_z

3. 用示波器观察和测量电路电压波形

（1）用示波器观察测量①、②两点的电压波形，画出波形图，并标出电压波形频率和电压峰峰值 V_{op-p} 的大小。

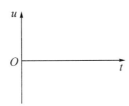

（2）用示波器观察测量③、④两点的电压波形，画出波形图，并标出直流电压峰值 V_{op} 的大小。

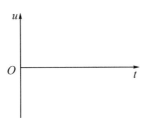

（3）用示波器观察测量⑤、⑥两点的电压波形，画出波形图，并标出直流电压值。

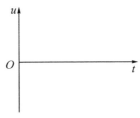

4. 实训要求

（1）能熟悉示波器面板功能和各按钮作用。

（2）认真阅读示波器使用注意事项。

（3）按老师的指导进行操作练习。

（4）测量数据要准确。

（5）按时完成和提交实训报告。

项目 4　共射共集两级放大电路制作与测量

任务 4.1　共射共集两级放大电路制作

【材料与工具】

材料与工具见表 1-12 所示。

表 1-12　材料与工具清单

序号	类别	名称	数值或型号	个数	单位
1	万用板	—	—	1	块
2	工具	—	—	1	套
3	电阻	R_1	1 MΩ	1	只
4	电阻	R_2、R_6	1 kΩ	2	只
5	电阻	R_3、R_5	2.2 kΩ	2	只
6	电阻	R_4	10 kΩ	1	只
7	电位器	R_w	50 kΩ	1	只
8	电容	C_1、C_2、C_3、C_4	22 μF/50 V	4	只
9	三极管	VT_1、VT_2	9014	2	只

【任务内容】

（1）读懂电路原理图

安装之前，必须首先熟悉电路的组成和工作原理，如图 1-11 所示，了解信号的性质和来龙去脉，以便对各元器件进行合理布局和正确走线，确保优良的电气性能。

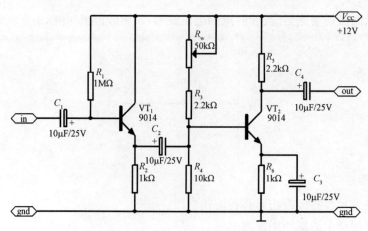

图 1-11　基本共射共集放大电路原理图

（2）元器件的布局与走线

各元件按原理图上的顺序排列,以每个功能电路的核心元件为中心,均匀分布其他各元件。输入端与输出端的元件应尽量远离,输入端与输出端的信号线不能靠近,更不能平行,以免互相干扰。

（3）各种可调元件位置应该力求便于操作、调整和安装。为了便于测试,在需要检测的部位设置电压探测导线柱或电流检测切口焊盘。

（4）正确安装电路,焊接可靠,无错焊、假焊、脱焊等。

任务 4.2　共射共集两级放大电路的测量

【材料与工具】

（1）示波器 1 台。

（2）函数信号发生器 1 台。

（3）万用表 1 块。

（4）直流稳压电源 1 台。

【任务内容】

1. 电路参数的测量

（1）静态工作点的测量

通电前,先将 R_w 调到最中间值(约 25 kΩ),检查电路正确无误。接通电源(+12 V),测量 Q_1、Q_2 静态工作点,填入表 1 - 13 和表 1 - 14。

表 1 - 13　Q_1 静态工作点

U_{B1}	U_{E1}	计算 I_{B1}	计算 I_{E1}	U_{BEQ1}	β_1 值

表 1 - 14　Q_2 静态工作点

U_{B2}	U_{E2}	计算 I_{B2}	计算 I_{E2}	U_{BEQ2}	β_2 值

（2）空载时,测量电路的电压放大倍数 A_u

调节函数信号发生器,使函数信号发生器输出一定频率(按下表参考)的正弦波、幅度为 20 mV 的信号,将此信号接到放大电路的输入端,用示波器观察输出波形,若波形失真,调整 R_w 使输出波形正常,然后进行测量,数据填于表 1 - 15。

表 1 - 15　电压放大倍数 A_u(空载)

输入信号频率	输入信号幅度	测量第一级输出电压幅度	计算第一级电压放大倍数 A_u	测量第二级输出电压幅度	计算第二级电压放大倍数
1 kHz	20 mV				
10 kHz	20 mV				
50 kHz	20 mV				

输入信号频率	输入信号幅度	测量第一级输出电压幅度	计算第一级电压放大倍数 A_u	测量第二级输出电压幅度	计算第二级电压放大倍数
100 kHz	20 mV				
500 kHz	20 mV				
1 MHz	20 mV				

（3）加入负载（$R_L = 2.2$ kΩ）时，测量电路的电压放大倍数 A_u。

表 1-16　电压放大倍数 A_u（加入负载）

输入信号频率	输入信号幅度	测量第一级输出电压幅度	计算第一级电压放大倍数 A_u	测量第二级输出电压幅度	计算第二级电压放大倍数
1 kHz	20 mV				
10 kHz	20 mV				
50 kHz	20 mV				
100 kHz	20 mV				
500 kHz	20 mV				
1 MHz	20 mV				

2. 实训要求

（1）正确填写测试过程及参数、波形。

（2）详细记录测试中的不正常数据并加以分析。

（3）会根据电路原理正确分析故障原因。

（4）会使用仪器测试电路的特性参数及波形。

（5）按时编写和提交实训报告。

项目 5　集成运放前置放大器制作与测量

任务 5.1　集成运放前置放大器制作

【材料与工具】

材料与工具清单见表 1-17。

表 1-17　材料与工具清单

序号	类别	名称	数值或型号	个数	单位
1	万用板	—	—	1	块
2	工具	—	—	1	套
3	电阻	R_1、R_3	10 kΩ	2	只

续表 1 – 17

序号	类别	名称	数值或型号	个数	单位
4	电阻	R_2	100 kΩ	1	只
5	运放	IC1	4558	1	只
6	IC 座	IC 座	8 脚	1	只
7	电容	C	104	1	只

【任务内容】

（1）读懂电路原理图,如图 1 – 12 所示。

（2）正确安装电路。

（3）元器件布局合理。

（4）焊接可靠,无错焊、假焊、脱焊等。

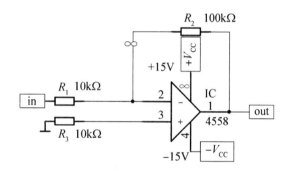

图 1 – 12　反相比例运算放大电路

任务 5.2　集成运放前置放大器的测量

【材料与工具】

（1）示波器 1 台。

（2）低频信号发生器 1 台。

（3）毫伏表 1 台。

（4）万用表 1 块。

（5）直流稳压电源 1 台。

【任务内容】

1. 电路参数的测量

（1）反相比例运算放大电路的测量

将低频信号发生器调出 1 kHz、10 mV 的信号输入电路。测量电压放大倍数,填入下表 1 – 18 中。

表 1‑18　电压放大倍数

$V_i(\text{mV})$	$V_{\text{op-p}}(\text{mV})$	$V_o(\text{mV})$	测量值 A_{uf}	计算值 $A_{uf}=-R_2/R_1$

（2）积分、微分电路的实现与测量

① 将 R_2 改为 $C(104)$，构成积分电路，输入 1 kHz 方波信号，记录输入输出波形。

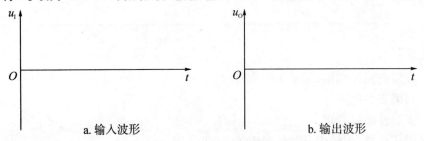

a. 输入波形　　　　　　　　　　　　　　　　b. 输出波形

② 将 R_1 改为 $C(104)$，R_2 改为 $R(10\text{ k}\Omega)$，构成微分电路，输入 1 kHz 方波信号，记录输入输出波形。

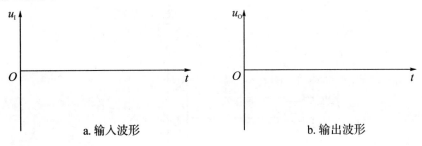

a. 输入波形　　　　　　　　　　　　　　　　b. 输出波形

2. 实训要求

（1）正确填写测试过程及参数、波形。

（2）详细记录测试中的不正常数据并加以分析。

（3）会根据电路原理正确分析故障原因。

（4）会使用仪器测试电路的特性参数及波形。

（5）按时编写和提交实训报告。

项目 6　正负 5 V 稳压电源电路制作与测量

任务 6.1　正负 5 V 稳压电源电路制作

【材料与工具】

材料与工具清单见表 1‑19。

表 1‑19　材料与工具清单

序号	类别	名称	数值或型号	个数	单位
1	万用板	—	—	1	块

续表 1 - 19

序号	类别	名称	数值或型号	个数	单位
2	工具	—	—	1	套
3	二极管	$VD_1 \sim VD_4$	1N4001	4	只
4	电容	C_1、C_2	470 μF	2	只
5	电容	C_3、C_4	100 nF	2	只
6	电阻	R_1、R_2	1 kΩ	2	只
7	IC	U_3	7 805	1	只
8	IC	U_2	7 905	1	只

【任务内容】

（1）读懂电路原理图，如图 1 - 13 所示。

（2）正确安装电路。

（3）元器件布局合理。

（4）焊接可靠，无错焊、假焊、脱焊等。

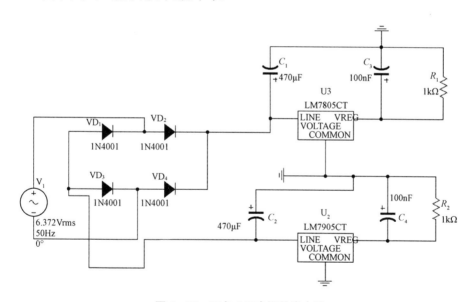

图 1 - 13　正负 5 V 电源仿真电路

任务 6.2　正负 5 V 稳压电源电路的测量

【材料与工具】

（1）示波器 1 台。

（2）低频信号发生器 1 台。

（3）毫伏表 1 台。

（4）万用表 1 块。

（5）直流稳压电源 1 台。

【任务内容】

1. 电路参数的测量

（1）稳压电源的测量

78 ＊＊ 系列的稳压集成块的极限输入电压是 36 V，最低输入电压比输出电压高 3～4 V。还要考虑输出与输入间压差带来的功率损耗，所以一般输入为 9～15 V 之间。将函数信号发生器调出振幅为 9～15 V 的信号输入电路。测量输出电压值，填入表 1－20 中。

表 1－20　输出电压值

U_1(V)	9	10	11	12	13	14
U_O(V)						
误差						

（2）交流电源输入测量，对比输出波形。

① 将输入变为交流信号，输入 50 Hz 正弦信号，记录输入输出波形。

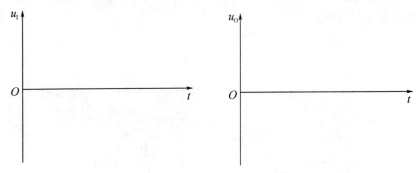

a. 输入波形　　　　　　　　　　　　　　b. 输出波形

② 去掉 C_1、C_2 电容后接入 50 Hz 正弦信号，记录输入输出波形。

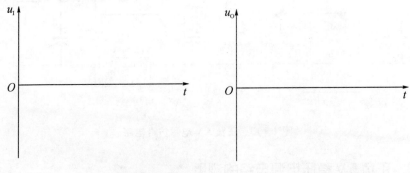

a. 输入波形　　　　　　　　　　　　　　b. 输出波形

2. 实训要求

（1）正确填写测试过程及参数、波形。

（2）详细记录测试中的不正常数据并加以分析。

（3）会根据电路原理正确分析故障原因。

（4）会使用仪器测试电路的特性参数及波形。

（5）按时编写和提交实训报告。

项目 7　频率可调占空比可调的 555 矩形波信号发生器

任务 7.1　频率可调占空比可调的 555 矩形波信号发生器制作

【材料与工具】

材料与工具清单见表 1-21。

表 1-21　材料与工具清单

序号	类别	名称	数值或型号	个数	单位
1	万用板	—	—	1	块
2	工具	—	—	1	套
3	三极管	VT_1	9013	1	只
4	电阻	R_2	10 kΩ	1	只
5	电位器	R_1	10 kΩ	1	只
6	二极管	VD_1	1N4148	1	只
7	IC	U_1	555 定时器	1	只
8	电阻	R_3	1 kΩ	1	只
9	发光二极管	LED_1	红	1	只
10	电容	C_1	100 μF	1	只
11	电容	C_2	10 nF	1	只

【任务内容】

（1）读懂电路原理图，如图 1-14 所示。

（2）正确安装电路。

（3）元器件布局合理。

（4）焊接可靠，无错焊、假焊、脱焊等。

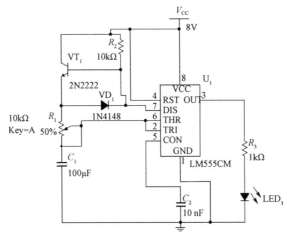

图 1-14　方波信号产生电路

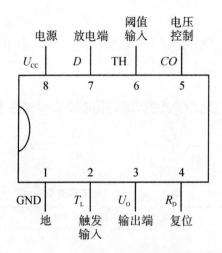

图 1-15　555 定时器内部逻辑电路和引脚说明

表 1-22　555 简明真值表

第 2 脚	第 3 脚	第 4 脚	第 6 脚	第 7 脚
$\leqslant \frac{1}{3}V_{CC}$	高	高	任意	空
$>\frac{1}{3}V_{CC}$	低	高	$\geqslant \frac{1}{3}V_{CC}$	低
$>\frac{1}{3}V_{CC}$	不变	高	$<\frac{1}{3}V_{CC}$	同 3 脚
任意	低	低	任意	低

任务 7.2　频率可调占空比可调的 555 矩形波信号发生器的电路测量

【材料与工具】

（1）示波器 1 台。

（2）低频信号发生器 1 台。

（3）毫伏表 1 台。

（4）万用表 1 块。

（5）直流稳压电源 1 台。

【任务内容】

1. 电路参数的测量

（1）输出测量

接入 8 V 的直流电源，R_{P1} 为 5 kΩ，输出到示波器
观测整个输出的波形，并计算占空比和频率。

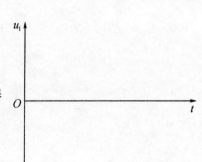

（2）调整电位器并计算占空比和频率，记录输入输出波形。

表 1-23 占空比和频率

电位器值	2 kΩ	8 kΩ
占空比		
频率		

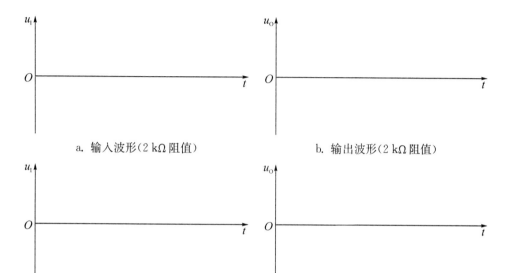

a. 输入波形（2 kΩ 阻值）　　　　　b. 输出波形（2 kΩ 阻值）

c. 输入波形（8 kΩ 阻值）　　　　　d. 输出波形（8 kΩ 阻值）

2. 实训要求

（1）正确填写测试过程及参数、波形。

（2）详细记录测试中的不正常数据并加以分析。

（3）会根据电路原理正确分析故障原因。

（4）会使用仪器测试电路的特性参数及波形。

（5）按时编写和提交实训报告。

项目 8 声光控楼梯灯

任务 8.1 工作原理介绍

【材料与工具】

材料与工具清单见表 1-24。

表 1-24 材料与工具清单

序号	类别	名称	数值或型号	个数	单位
1	万用板	—	—	1	块
2	工具	—	—	1	套

序号	类别	名称	数值或型号	个数	单位
3	电阻	R_0	10 kΩ	1	只
4	电阻	R_1、R_3	30 kΩ	2	只
5	电阻	R_6	56 kΩ	1	只
6	电阻	R_8	3 kΩ/1 W	1	只
7	电阻	R_4	560 kΩ	1	只
8	电阻	R_7	68 kΩ	1	只
9	电阻	R_2	3.9 MΩ	1	只
10	电阻	R_5	2.4 MΩ	1	只
11	麦克风	MIC	—	1	只
12	电位器	R_w	30 kΩ	1	只
13	电容	C_2	100 μF/25 V	1	只
14	电容	C_1	100 nF	1	只
15	电容	C_3	10 μF/25 V	1	只
16	二极管	VD_2	IN4148	1	只
17	二极管	$VD_3 \sim VD_7$	IN4007	5	只
18	发光二极管	LED	—	1	只
19	稳压二极管	VD_z	7.5 V	1	只
20	三极管	VT_1	9 013	1	只
21	光敏电阻	R_G	—	1	只
22	灯	H	40 W	1	只
23	IC	—	4 011	1	只
24	晶闸管	VT_2	MCR100-6	1	只

【任务内容】

1. 电路组成

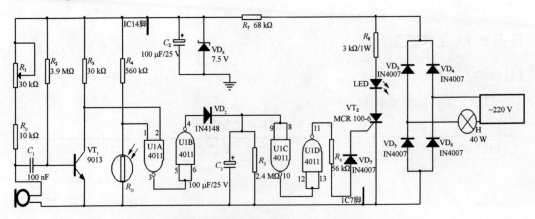

图 1 - 16　声光控楼梯灯电路原理图

电路主要由以下几部分组成：

（1）声音信号输入电路。由话筒 MIC、电阻 R_0、R_1、R_2、R_3，电容 C_1 和三极管 VT_1 组成。声音信号经话筒 MIC 转换为电信号后经 C_1 耦合至 VT_1 放大，最后由 VT_1 的集电极输出并送入 IC4011 的 2 脚。

（2）光信号输入电路。由电阻 R_4 和光敏电阻 R_G 组成。光的强弱经光敏电阻 R_G 转换为高、低电平后送入 IC4011 的 1 脚。

（3）桥式整流电路。由二极管 VD_3、VD_4、VD_5、VD_6 组成。其功能是将 220 V 的交流市电转换为脉动直流电压。

（4）降压滤波稳压电路。由电阻 R_7、电容 C_2、稳压管 VD_z 组成。其功能是对桥式整流电路输出的脉动直流电压进行降压滤波和稳压，获得 10 V 左右的直流电压，作为控制电路的直流电源。

（5）延时电路。由二极管 VD_2、电阻 R_5 和电容 C_3 组成。延时时间由 R_5 和 C_3 决定，按图 1-16 中所示参数值可延时 60～70 s。二极管 VD_2 起隔离作用。

（6）控制电路。由 IC4011、二极管 VD_7、电阻 R_6 和单向可控硅晶闸管 VT_2 组成，其作用是控制开关的通断。这里单向可控硅晶闸管 VT_2 起开关作用。IC4011 是整个电子开关的核心元件，它是四—二输入与非门集成电路。其中 1、2 脚和 3 脚分别为与非门 A 的输入和输出端；5、6 脚和 4 脚分别为与非门 B 的输入和输出端；8、9 和 10 脚分别为与非门 C 的输入和输出端；12、13 和 11 脚分别为与非门 D 的输入和输出；7 和 14 脚分别是接地和电源脚。在该电路中与非门 A 和与非门 B 组成声音信号和光信号与逻辑电路；与非门 C、与非门 D 和电阻 R_6 组成触发电路。

（7）负载。由白炽灯 H 组成，最大可接 100 W。

2. 电路工作原理

220 V 交流电通过白炽灯 H 后，经 VD_3、VD_4、VD_5、VD_6 桥式整流电路把交流电压变为脉动直流电压，由 R_7 分压、C_2 滤波、VD_z 稳压，获得 10 V 左右的直流电压，作为控制电路的工作电源，这时通过白炽灯 H 的电流小于 2 mA，所以白炽灯不会发光。

电阻 R_4 和光敏电阻 R_G 串联分压，当有光照射光敏电阻 R_G 时，它呈低阻状态，即 IC4011 的 1 脚（与非门 A 的光信号输入端）为低电平，此时声音信号被屏蔽（不起作用），与非门 A 的输出即 IC4011 的 3 脚为高电平。与非门 A 的 3 脚输出端接与非门 B 的 5、6 脚输入端，所以与非门 B 的 4 脚输出为低电平。此时二极管 VD_2 截止，触发电路无触发信号，单向可控硅晶闸管 VT_2 截止，白炽灯 H 熄灭。

当无光照射时，光敏电阻 R_G 呈高阻状态，即 IC4011 的 1 脚（与非门 A 的光信号输入端）为高电平，与非门 A 打开，声音信号可以输入。

话筒 MIC 和电阻 R_0、R_1 将外界的声音信号变成电信号。在外界无声的情况下，三极管 VT_1 处于饱和状态，使与非门 A 的输入端即 IC4011 的 2 脚（与非门 A 的声音信号输入端）为低电平，与非门 A 的输出即 IC4011 的 3 脚为高电平。最终使与非门 B 的输出 4 脚为低电平，白炽灯 H 熄灭。

若外界有声音，三极管 VT_1 将出现反复饱和、截止，使与非门 A 的 2 端反复出现高、低电平的转换过程。若与非门 A 的两个输入端有一个为低电平时，与非门 B 便输出低电平，只有当与非门 A 的两个输入端都为高电平时，与非门 B 才输出高电平。当与非门 B

输出高电平时,通过隔离二极管 VD$_2$ 给电容 C$_3$ 充电,当 C$_3$ 充电电压达到与非门 C 的阈值电平时,使与非门 D 输出高电平,通过电阻 R$_6$ 触发单向可控硅晶闸管 VT$_2$ 使其导通,主回路便有较大的电流通过白炽灯 H 使其发光。VT$_2$ 导通后,由于没有了声音信号,与非门 A 的输入端 IC4011 的 2 脚很快变为低电平,从而使与非门 B 输出为低电平。但延时电路的电容 C$_3$ 通过电阻 R$_5$ 放电,经过大约 1 分钟的时间下降到与非门 C 的阈值电平以下,使与非门 D 输出低电平,当交流电过零点时,VT$_2$ 自动关断,白炽灯 H 熄灭。因此,白天白炽灯 H 不亮,只有到了晚上话筒 MIC 接收到声音信号时,才能产生触发信号,使单向可控硅晶闸管 VT$_2$ 导通,白炽灯 H 发光,延时一段时间后白炽灯 H 自动熄灭。

3. PCB 板焊接

PCB 板及 PCB 板焊接成品如图 1-17、图 1-18 所示。

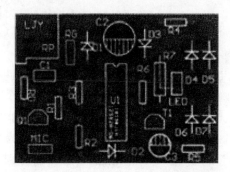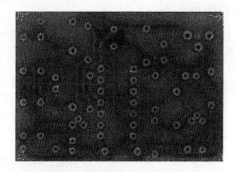

图 1-17　PCB 板

图 1-18　PCB 板焊接成品

任务 8.2　电路安装、调试与故障分析

【材料与工具】

(1) 直流稳压电源 1 台。

(2) 电烙铁(含烙铁架)1 支。

(3) 镊子 1 支。

(4) 剪钳 1 把。

(5) 万能电路板 1 块。

(6) 声光控电路相关套件。

(7) 灯泡一个。

【任务内容】

1. 电路安装

该电子开关印制电路板实际尺寸约为 35 mm×65 mm。注意,负载白炽灯 H 采用外接方式,不安装在印制电路板上。

2. 工作点测试与故障分析

工作点测试值与标准值对比见表 1-25。

表 1-25　工作点测试值与标准值对比

测试项	IC 14 脚	IC 第 1 脚	IC 第 2 脚	IC 第 8 脚	可控硅 G 极
标准值	调电位器 3.8~4.8 V	没有遮光时 0.13 V,遮光时 4.25 V	没说话时 0.25 V,说话时跳至高电平	遮光说话时 4.25 V,然后递减	遮光说话时 0.7 V,延时结束时没有
被测值					

3. 故障分析

(1) 如上述测的 IC14 脚为 7 V,则电位器支路不正常,没有电流流过,或断路,可能 MIC 接反或 30 kΩ 电位器和 MIC 断路。

(2) IC 第 1 脚如没有遮光时不等于 0.13 V,可能光敏电阻不正常或上偏电阻变值。

(3) IC 第 2 脚如没说话时不等于 0.25 V,则三极管管脚接反或偏置电阻变值及接触不良。

(4) IC 第 8 脚遮光说话时有 4.25 V 不能递减,则延时电路的 10 μF 和 2.4 MΩ 虚焊。

(5) 可控硅 G 极遮光说话时低于 0.7 V,可控硅不导通,首先检查 56 kΩ 电阻看是否大了导致分压增加,可控硅 G 极电压就减少了。

项目 9　差动输入 OCL 电路检测机架制作

任务 9.1　差动输入 OCL 电路组成与 SCH 电路板设计

【材料与工具】

材料与工具清单见表 1-26。

表 1-26　材料与工具清单

序号	类别	名称	数值或型号	个数	单位
1	PCB 板	—	—	1	块
2	工具	—	—	1	套
3	电容	$C_0 \sim C_3$	1 000 μF	4	只
4	电容	C_4	10 μF	1	只
5	电容	C_6	47 μF	1	只
6	电容	C_7、C_8	220 μF	2	只
7	电容	C_9	100 μF	1	只

序号	类别	名称	数值或型号	个数	单位
8	电容	C_5	103 F	1	只
9	电阻	R_0	270 Ω	1	只
10	电阻	R_2	20 kΩ	1	只
11	电阻	R_4、R_8	4.7 kΩ	2	只
12	电阻	R_1、R_3、R_6	33 kΩ	3	只
13	电阻	R_5、R_9	240 Ω	2	只
14	电阻	R_7、R_{10}、R_{11}	220 Ω	3	只
15	电阻	R_{12}、R_{13}	10 kΩ	2	只
16	电阻	R_{14}	68 kΩ	1	只
17	电阻	R_{15}	300 kΩ	1	只
18	二极管	$VD_0 \sim VD_3$	IN4007	4	只
19	二极管	VD_6	IN4001	1	只
20	二极管	VD_5	IN4148	1	只
21	发光二极管	LED	红	1	只
22	三极管	VT_0、VT_1、VT_3、VT_7、VT_8	9 014	5	只
23	三极管	VT_2、VT_4	9 012	2	只
24	三极管	VT_9、VT_{10}	8 050	2	只
25	三极管	VT_5、VT_6	3DD15	2	只
26	继电器	K_0	—	1	只
27	喇叭	U_0	—	1	只

【任务内容】

差动输入 OCL 电路 SCH 电路板设计如图 1 - 19 所示。

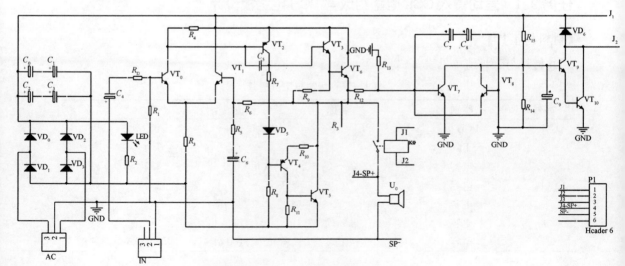

图 1 - 19 差动输入 OCL 电路 SCH 电路板设计

任务 9.2　差动输入 OCL 电路测试

【材料与工具】

(1) 示波器。

(2) 毫伏表。

(3) 信号发生器。

【任务内容】

1. 差动输入 OCL 电路参数测试

将相关频率和幅值测试结果填入表 1－27。

表 1－27　频率和幅值测试

项目	信号发生器	T_3 输入波形	T_6 输出波形	L 声道输出
频率	$f=1\,kHz$	$f=$＿＿＿kHz	$f=$＿＿＿kHz	$f=$＿＿＿kHz
幅值	$U=100\,mV$	$U_B=$＿＿＿mV	$U_C=$＿＿＿mV	$U_{SP}=$＿＿＿mV
波形	正弦波	正弦波	锯齿波	正弦波

2. 示波器、毫伏表、信号发生器与 OCL 电路机架的接线

接线如图 1－20 所示。

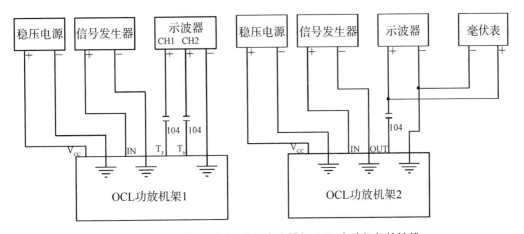

图 1－20　示波器、毫伏表、信号发生器与 OCL 电路机架的接线

第 2 章　基于单片机的电子电路设计

项目 1　LED 流水灯设计

任务 1.1　硬件设计

【材料与工具】

材料与工具清单见表 2-1。

表 2-1　材料与工具清单

序号	类别	名称	数值或型号	个数	单位
1	万用板	—	—	1	块
2	工具	—	—	1	套
3	电阻	R_9	5 kΩ	1	只
4	电阻	$R_1 \sim R_8$	560 Ω	8	只
5	电容	C_1、C_2	20 pF	2	只
6	电解电容	C_3	2.2 μF	1	只
7	发光二极管	$LED_1 \sim LED_8$	红	8	只
8	晶振	T_1	12 MHz	1	只
9	IC	IC_1	AT89C2051	1	只

【任务内容】

1. 任务描述

任务:实现对 LED 的流水(效果)控制,即下面图 2-1 所示时序表的控制效果。

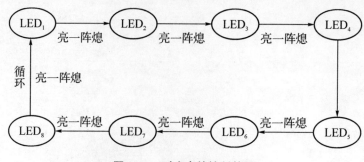

图 2-1　时序表的控制效果

2. 制作硬件电路

流水灯原理图如下图 2 - 2,图中用一片 AT89C2051 单片机及少量外围元件组成。图中,$R_1 \sim R_8$ 为 $LED_1 \sim LED_8$ 的限流电阻;R_9、C_3 为单片机的简易上电复位电路;C_1、C_2、T_1 组成单片机的时钟电路。

工作原理:在上电后由于 C_3、R_9 的作用,使单片机的 RST 复位脚电平先高后低,从而达到复位;之后,在 C_1、C_2、T_1 以及单片机内部时钟电路的作用下,单片机依程序将 P1.0~P1.7 引脚拉低或抬高;拉低的引脚对应的 LED 点亮,抬高的引脚对应的 LED 熄灭。

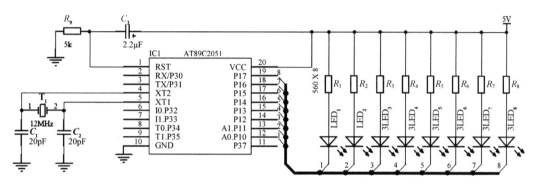

图 2 - 2　流水灯原理图

电路制作时,AT89C2051 的位置应安装 20 脚的 IC 座,以便使单片机可以从电路板中拿下去烧写程序。电路中的元件无太苛刻的要求,若 LED 为高亮度的,$R_1 \sim R_8$ 可加大到 $1\,k\Omega$;C_3 漏电不要太大;否则会造成单片机无法复位。

任务 1.2　软件设计

【任务内容】

1. 汇编语言程序

(1) 方案一(表 2 - 2)

由前面原理图可见,想让 LED1 点亮,P1.0 变为低电平;(单片机在上电初始后,其各端口输出为高电平)想让 LED1 灭,P1.0 变为高电平。

表 2 - 2　汇编语言程序(方案一)

序号	汇编语言程序	指令注解	执行结果
	ORG　000H	ORG 为伪指令,表示把下面的指令存放在 ORG 后面的存贮单元中	
	AJMP　STAR	AJMP 无条件跳转到标号处执行	跳转到标号 STAR 处执行
	ORG　030H		
1	star:MOV　SP,♯30H	开始:标号;设置堆栈指针在 RAM 的 30 单元,以免程序执行中发生堆栈时造成数据上的混乱	

序号	汇编语言程序	指令注解	执行结果
2	clr p1. 0	clr 是将其后面指定的位清为 0;	P1. 0 低电平,LED₁ 亮
3	acall delay	调用延时子程序	
4	setb p1. 0	setb 是将其后面指定的位置设成 1;	P1. 0 高电平,LED₁ 熄
5	clr p1. 1		P1. 1 低电平,LED₂ 亮
6	acall delay		延时
7	setb p1. 1		P1. 1 高电平,LED₂ 熄
8	clr p1. 2		P1. 2 低电平,LED₃ 亮
9	acall delay		延时
10	setb p1. 2		P1. 2 高电平,LED₃ 熄
11	clr p1. 3		P1. 3 低电平,LED₄ 亮
12	acall delay		延时
13	setb p1. 3		P1. 3 高电平,LED₄ 熄
14	clr p1. 4		P1. 4 低电平,LED₅ 亮
15	acall delay		延时
16	setb p1. 4		P1. 4 高电平,LED₅ 熄
17	clr p1. 5		P1. 5 低电平,LED₆ 亮
18	acall delay		延时
19	setb p1. 5		P1. 5 高电平,LED₆ 熄
20	clr p1. 6		P1. 6 低电平,LED₇ 亮
21	acall delay		延时
22	setb p1. 6		P1. 6 高电平,LED₇ 熄
23	clr p1. 7		P1. 7 低电平,LED₈ 亮
24	acall delay		延时
25	setb p1. 7		P1. 7 高电平,LED₈ 熄
26	ljmp star	ljmp 是无条件跳转指令,意思是:跳转到指定的标号处继续运行	返回到开始
27	Delay:mov r1,♯50	mov 数据传送指令 mov r1,♯50;立即数 50 送入工作寄存器 R_1	延时子程序;给 R_1 赋初值
28	del0:mov r2,♯100		给 R_2 赋初值
29	del1:mov r3,♯100		给 R_3 赋初值
30	djnz r3, $	减 1 不为 0 跳。$ 跳回本指令。$R_3-1 \neq 0$,在本指令自跳。$R_3=0$ 往下执行	R_3 由 100 逐一减到 0,产生延时作用

序号	汇编语言程序	指令注解	执行结果
31	djnz r2,del1	$R_2-1\neq0$,跳 DEL$_1$ 执行,使 R_3 重新取值 100。$R_2=0$ 往下执行	执行次数为 $R_2\times R_3=100\times100$
32	djnz r1,del0	$R_1-1\neq0$,跳 DEL$_0$ 执行,使 R_2 重新取值 100。$R_1=0$ 往下执行	执行次数为 $R_1\times R_2\times R_3=100\times100\times50$
33	ret	返回主程序发 CALL 的下一指令执行	
34	end	end 是一条告诉编译器:程序到此结束的伪指令。伪指令只告诉编译器此程序到此有何要求或条件,它不参与和影响程序的执行	结束

这里用到了几条汇编指令:clr、setb、ljmp、AJMP、acall、ORG、end、djnz、ret、mov。指令功能介绍如下:

clr:是将其后面指定的位清为 0;

setb:是将其后面指定的位置设成 1;

ljmp:是无条件跳转指令,意思是跳转到指定的标号处继续运行。(跳转范围 64 KB)

AJMP:是无条件跳转指令,意思是跳转到指定的标号处继续运行。(跳转范围 2 KB)

acall:是无条件跳转指令,意思是短调用子程序。(跳转范围 2 KB)

ORG:是一条伪指令,用来设定程序或数据存储区的起始位置。

end:是一条告诉编译器,程序到此结束的伪指令。伪指令只告诉编译器此程序到此有何要求或条件,它不参与和影响程序的执行。

djnz:减一不为 0 跳。

ret:返回。

mov:传送。

这里需要说明的是,按汇编语法要求,所编制的程序(下称源程序)之格式和书写要求必须依下列原则:

① 源程序必须为纯文本格式文件,如用 Windows"附件"中的"记事本"编写的文本文件。

② 源程序的扩展名应是 *. ASM。

③ 一行只能写一条语句,以回车作为本句的结束,每一语句行长度应少于 80 个字符(即 40 个汉字)。

④ 每行的格式应为:【标号:】操作码【目的操作数】【,源操作数】【;注释】

方括符【】表示可选项。

标号:指令所在地址,由 1~8 个字母或数字组成,":"结尾。如前面程序序号 1 中的 star:和序号 27 的 DELAY:就属于标号。

操作码:就是指令功能助记符,指令实体。

目的操作数：目标操作数是通用寄存器，如前面 27 序号的 r1。

源操作数：源操作数可以是立即数、通用寄存器或内存位置，如序号 27 的 ♯50。

注释：需要注释时注释前必须用";"(分号)，";"后面的语句可以写任何字符，包括汉字用于解释前面的汇编语句，它将不参与汇编，不生成代码。

(2) 方案二(图 2-3、图 2-4)

此方案是通过将 8 位二进制数传送到 P1 口，使 P1.0 端口置低电平，二极管发亮。

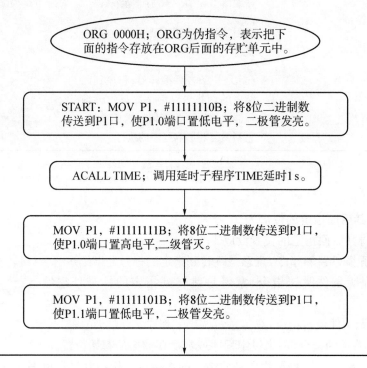

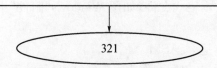

图 2-3 汇编语言程序(方案二)

接上321

MOV P1，#11101111B；将8位二进制数传送到P1口，使P1.4端口置低电平，二极管亮。
ACALL TIME；调用延时子程序TIME延时1 S
MOV P1，#11111111B；将8位二进制数传送到P1口，使P1.4端口置高电平，二极管灭。
MOV P1，#11011111B；将8位二进制数传送到P1口，使P1.5端口置低电平，二极管亮。
ACALL TIME；调用延时子程序TIME延时1 S
MOV P1，#11111111B；将8位二进制数传送到P1口，使P1.5端口置高电平，二极管灭。
MOV P1，#10111111B；将8位二进制数传送到P1口，使P1.6端口置低电平，二极管亮。
ACALL TIME；调用延时子程序TIME延时1 S
MOV P1，#11111111B；将8位二进制数传送到P1口，使P1.6端口置高电平，二极管灭。
MOV P1，#01111111B；将8位二进制数传送到P1口，使P1.7端口置低电平，二极管亮。
ACALL TIME；调用延时子程序TIME延时1 S
MOV P1，#11111111B；将8位二进制数传送到P1口，使P1.7端口置高电平，二极管灭。
ACALL TIME；调用延时子程序TIME延时1 S

LJMP STARI；跳转到指定的标号处继续运行返回到开始，
进行循环工作

图 2-4 汇编语言程序（方案二）

TIME 延时子程序如图 2-5 所示。

1 s 延时计算原则：$1\,\mu s \times 248 \times 20 \times 200 + 2\,\mu s \times 20 \times 200 = 1\,000\,000\,\mu s = 1\,s$。

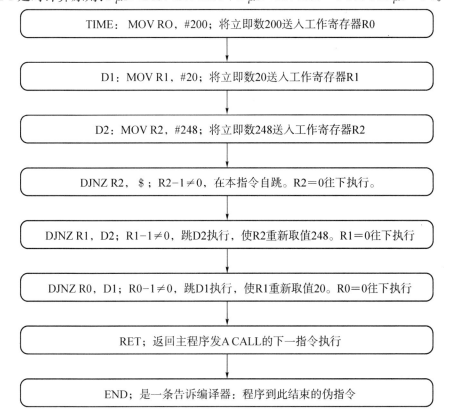

TIME：MOV R0，#200；将立即数200送入工作寄存器R0

D1：MOV R1，#20；将立即数20送入工作寄存器R1

D2：MOV R2，#248；将立即数248送入工作寄存器R2

DJNZ R2，$；R2-1≠0，在本指令自跳。R2=0往下执行。

DJNZ R1，D2；R1-1≠0，跳D2执行，使R2重新取值248。R1=0往下执行

DJNZ R0，D1；R0-1≠0，跳D1执行，使R1重新取值20。R0=0往下执行

RET；返回主程序发A CALL的下一指令执行

END；是一条告诉编译器：程序到此结束的伪指令

图 2-5 TIME 延时子程序

作业:将程序中的二进制码翻译成十六进制数。

(3) 方案三

此方案是通过将 2 位十六进制数经过累加器 A 传送到 P1 口,使 P1.0 端口置低电平,二极管发光。

```
            ORG     0000H       ;伪指令,表示下面的指令存放始位在 0000H 存贮单元
START：     MOV     A,♯0FEH     ;累加器 A 赋初值,将数 FE 进入 A
START1：    MOV     P1,A        ;将累加器值 FE 送至 P1 口
            ACALL   TIME        ;调用子程序 TIME,延时 1 s
            RL      A           ;累加器 A 中数据循环左移 1 位
            AJMP    START1      ;跳转到 START1 循环
                                ;延时子程序 TIME,执行一次时间为 1 s
TIME：      MOV     R0,♯200     ;立即数 200 送入工作寄存器 R0
D1：        MOV     R1,♯20      ;立即数 20 送入工作寄存器 R1
D2：        MOV     R2,♯248     ;立即数 248 送入工作寄存器 R2
            DJNZ    R2,$        ;R2-1≠0,在本指令自跳。R2=0,顺序执行
            DJNZ    R1,D2       ;R1-1≠0 程序转到相对地址 D2 处。R1=0 顺序执行
            DJNZ    R0,D1       ;R0-1≠0 转 D1。R0=0,顺序执行
            RET                 ;返回主程序
            END                 ;子程序结束
```

指令注释:

RL A:A 中的数循环左移(移向高位),D7 移入 D0。

作业:请将程序变成由左向右闪动的流水灯。

(4) 方案四

此方案与方案三类似。

```
            ORG     0000H       ;伪指令,表示下面的指令存放始位在 0000H 存贮单元
START：     MOV     A,♯0FEH     ;累加器 A 赋初值,将数 FE 进入 A
            CLR     C           ;将进位标志 C 中状态清零
START1：    RLC     A           ;A 中的数带进位循环左移
            MOV     P1,A        ;将累加器值 FE 送至 P1 口
            ACALL   TIME        ;调用子程序 TIME,延时 1 s
            AJMP    START1      ;跳转到 START1 循环
TIME：      MOV     R0,♯200     ;延时程序 TIME
D1：        ACALL   TIME1
            DJNZ    R0,D1
            RET
TIME1：     MOV     R1,♯20      ;延时子程序 TIME1
D2：        MOV     R2,♯248
```

```
DJNZ    R2,$
DJNZ    R1,D2
RET
END
```

指令注释:

RLC A:A 中的数带进位循环左移,D7 移入 C,C 移入 D0。

作业:请将程序变成由左向右闪动的流水灯。

项目 2　倒计时电子线路设计

任务 2.1　硬件设计

【材料与工具】

材料与工具清单见表 2-3。

表 2-3　材料与工具清单

序号	类别	名称	数值或型号	个数	单位
1	万用板	—	—	1	块
2	工具	—	—	1	套
3	三极管	VT_1 - VT_6	9015	6	只
4	二极管	VD_1、$VD_3 \sim VD_6$	IN4001	5	只
5	电阻	$R_9 \sim R_{14}$	4.7 kΩ	6	只
6	电解电容	C_4	1 000 μF	1	只
7	电解电容	C_5	470 μF	1	只
8	电解电容	C_1	10 μF	1	只
9	电容	C_2、C_3	50 F	2	只
10	数码管	$DS_1 \sim DS_1$	DPY_7-SEG	4	只
11	扬声器	—	—	1	只
12	按钮开关	$S_1 \sim S_3$	SW	3	只
13	二极管	VD_2	LED	1	只
14	电阻	$R_1 \sim R_8$	270 Ω	8	只
15	IC	IC_1	7 805	1	只
16	IC	IC_2	AT89C2051	1	只
17	继电器	—	—	1	个

【任务内容】

(1) 倒计时 SCH 电路板设计(图 2-6)

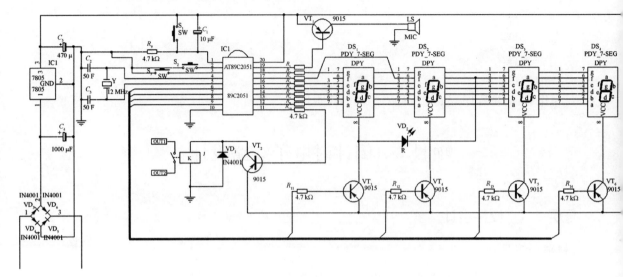

图 2-6　倒计时 SCH 电路板

(2) 倒计时 PCB 电路板设计(图 2-7)

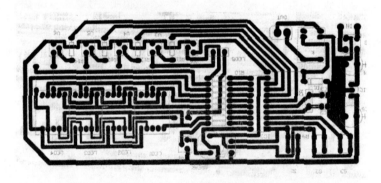

图 2-7　倒计时 PCB 电路板

任务 2.2　软件设计

1. C 语言程序

```
# includ e <reg52. h>
typedef unsigned char u16;        //对数据类型进行声明定义
typedef unsigned char u8;
sbit LSA = P3^2;//数码管位选
sbit LSB = P3^3;
sbit LSC = P3^4;
sbit LSD = P3^5;
u8 a = 0;     //位选
u8 b = 0;     //启动
int mini = 0;  //分
```

```c
int s = 0;      //秒
sbit key1 = P3^0;
sbit key2 = P3^1;
sbit bell = P1^7;
sbit ledk = P3^7;
u8 ssec = 0,ssec1 = 0,sec1 = 60,min1 = 00;miaocount = 0;fen_count = 0;
u8 sec2 = 01,min2 = 60;
u8 count1 = 0;count2 = 0;
u8 menue;
u8 DisplayData[4];
u8 code smgduan[] = {0x81,0xcf,0x92,0x86,0xcc,0xa4,0xa0,0xf0,0x8f,0x84,0xb8};
void delay(u16 i)
{
while(i--);
}
void delay_1m(u16 i)
{
int x,j;
for(x = 0;x<i;x++)
{
    for(j = 0;j<110;j++);
  }
}
/* * * * * * * * * * * * * * * * * * * * * * * * * * * * * * * * * * * * * *
* * * * * * * * * * * * * * * * * * * * * * * * * * * * * * * * * * * * *
 * 函数名            :Timer0Init
 * 函数功能          :定时器 0 初始化
 * 输    入          :无
 * 输    出          :无
 * * * * * * * * * * * * * * * * * * * * * * * * * * * * * * * * * * * * *
* * * * * * * * * * * * * * * * * * * * * * * * * * * * * * * * * * * */
void Timer0Init()
{
TMOD = 0X01;//选择为定时器 0 模式,工作方式 1,仅用 TR0 打开启动
TH0 = 0Xd8;      //给定时器赋初值,定时 10 ms
TL0 = 0Xf0;
ET0 = 1;//打开定时器 0 中断允许
EA = 1;//打开总中断
TR0 = 1;//打开定时器
}
void DigDisplay()
{
u8 i;
for(i = 0;i<4;i++)
```

```
    {
        switch(i)      //位选,选择点亮的数码管
        {
            case(0):
                LSA = 0;LSB = 1;LSC = 1;LSD = 1;break;//显示第 0 位
            case(1):
                LSA = 1;LSB = 0;LSC = 1;LSD = 1;break;//显示第 1 位
            case(2):
                LSA = 1;LSB = 1;LSC = 0;LSD = 1;break;//显示第 2 位
            case(3):
                LSA = 1;LSB = 1;LSC = 1;LSD = 0;break;//显示第 3 位
        }
        P1 = DisplayData[i];//发送段码
        delay(150);//间隔一段时间扫描
        P1 = 0x00;//消隐
    }
}
void main()
{
    bell = 1;
    Timer0Init();
/* * * * * * * * * * * * * * * * * * * * * * * 总循环 * * * * * * * * * * * * * * * * *
* * * * * * * * * * * * * * * * * * * * * */
    while(1)
{
TimerOInit();
/* * * * * * * * * * * while_1 * * * 菜单选择 * * * * * * * * * * * * * * * * */
while(1)
{
    DigDisplay();
    if(key1 = = 0)
{
        delay(100);
if(key1 = = 0)
{
    menue + + ;
    if(menue = = 4) menue = 0;
}
while(! key1);
}
/* * * * 秒定时关 * * * /
if(menue = = 0)
{
    DisplayData[0] = smgduan[10];
```

```
DisplayData[1] = smgduan[menue];
TR0 = 1;
    ledk = 0;
}
/ * * * 秒定时开 * * * * /
if(menue = = 1)
{
        DisplayData[0] = smgduan[10];
        DisplayData[1] = smgduan[menue];
        TR0 = 1;
        ledk = 1;
}
/ * * * * 分定时关 * * * * /
if(menue = = 2)
{
DisplayData[0] = smgduan[10];DisplayData[1] = smgduan[menue];
        ledk = 0;
TR0 = 1;
}
/ * * 分定时开 * * /
if(menue = = 3)
{
DisplayData[0] = smgduan[10];DisplayData[1] = smgduan[menue];
        ledk = 1;
TR0 = 1;
}
if(key2 = = 0)
{delay(100);
if(key2 = = 0)
{
break;
}
while(! key2);
}
}/ * * * * * * * * * * * while_1 * * /
/ * * * * * * * * * * * while_2 * * * * 位移 * * 数值修改 * * * * * * * * * * * * * * /
while(1)
{
    DigDisplay();
if(key1 = = 0)
{
    delay(100);
    if(key1 = = 0)
    {
```

```
    a + + ;              //位选
      if(a > = 2)
      {a = 2;}
  }while(! key1);
  }
      if(key2 = = 0)
  {
      delay(100);
      if(key2 = = 0)
      {
          if(a = = 0)     //if 是个位
          {
  count1 + + ;}     //个位 + +
      if(a = = 1)
      {
  count2 + + ;
  }
      if(count1 > = 10)
      {count1 = 0;}
      if(count2 > = 10)
      {count2 = 0;}
  }while(! key2);
  }  /* 闪烁数值 + + 尾端 * */
  if(a = = 2)
  {
      s = count2 * 10 + count1;
      mini = count2 * 10 + count1;
      delay_1m(1000);
      break;
  }

  }/* * * * * * * * * * while_2 * */
  /* * * * * * * * * * while_3 * * * * * 启动倒计时 * * * * * * * * * * * * */
  while(1)
  {
  DigDisplay();
  if(key2 = = 0)
  {
          delay(100);
      if(key2 = = 0)
      {
  b = 1;TR0 = 1;
  }
  while(! key2);
```

```
}
/ * * * * 跳出循环返回菜单选择   * * * * * * * /
if(key1 = = 0)
{
delay(100);
if(key1 = = 0)
{
  b = 0;
  a = 0;
  menue = 0;
break;
}
while(! key2);
}/ * * * * 跳出循环返回菜单选择 * * * * * /
}/ * * * * * * * * * while_3 * * /
}/ * * * * * * 总循环 * * * * * * * * * * * /
}   //main 尾端
void Timer0() interrupt 1
{
TH0 = 0Xd8;       //给定时器赋初值,定时 10 ms
TL0 = 0Xf0;
ssec + +;
ssec1 + +;
  if(a = = 1&&b = = 0)
  {
      if(ssec = = 50)   //0.5s  / * * * 十位闪烁效果 * * * * /
{
DisplayData[3] = smgduan[count1];
DisplayData[2] = smgduan[count2];
}
if(ssec = = 150)
{
    ssec = 0;
DisplayData[2] = 0xff;
}
}

  if(a = = 0&&b = = 0)
  {

      if(ssec = = 50)   //0.5s  / * * * 个位闪烁效果 * * * * /
{
  DisplayData[3] = smgduan[count1];
DisplayData[2] = smgduan[count2];
```

```
    }
    if(ssec = = 150)
    {
        ssec = 0;
    DisplayData[3] = 0xff;
    }
    }
/**确定键后的两种情况**/
    if(a = = 0&&b = = 1)
    {
            DisplayData[3] = smgduan[s % 10];
    DisplayData[2] = smgduan[s/10];
    }
    if(a = = 1&&b = = 1)
    {
            DisplayData[3] = smgduan[s % 10];
    DisplayData[2] = smgduan[s/10];
    }
    if(a = = 0&&b = = 1)
    {
            DisplayData[3] = smgduan[mini % 10];
    DisplayData[2] = smgduan[mini/10];
    }
    if(a = = 1&&b = = 1)
    {
            DisplayData[3] = smgduan[mini % 10];
    DisplayData[2] = smgduan[mini/10];
    }
/**启动秒显示**/
    if(a = = 2&&b = = 1&&menue = = 1)   //秒定时开显示
    {
            DisplayData[3] = smgduan[s % 10];
    DisplayData[2] = smgduan[s/10];
    }
    if(a = = 2&&b = = 1&&menue = = 0)   //秒定时关显示
    {
            DisplayData[3] = smgduan[s % 10];
    DisplayData[2] = smgduan[s/10];
    }

    if(a = = 2&&b = = 1&&menue = = 2)   //分
    {
            DisplayData[3] = smgduan[mini % 10];
    DisplayData[2] = smgduan[mini/10];
```

```
}
if(a = = 2&&b = = 1&&menue = = 3)   //分
{
        DisplayData[3] = smgduan[mini % 10];
DisplayData[2] = smgduan[mini/10];
}
/ * * 启动秒显示 * * /
/ * * * * * 蜂鸣器 * * * * /
if(key1 = = 0||key2 = = 0)
{
        bell = 0;
    delay_1m(100);
bell = 1;
}/ * * * * * * 蜂鸣器 * * * * /
/ * * * * * * 秒倒计时 * * * * 定时开 * * * * /
if(b = = 1&&(menue = = 1))
{
    miaocount + + ;
if(miaocount > = 100)   //1s
{
    miaocount = 0;
    s - - ;
    if(s < = 0)
    {
        ledk = 0;
        s = 0;
    }
}
}
/ * * * * * * 秒倒计时 * * * * 定时关 * * * /
if(b = = 1&&(menue = = 0))
{
    miaocount + + ;
if(miaocount > = 100)   //1s
{
    miaocount = 0;
    s - - ;
    if(s < = 0)
    {
        ledk = 1;
        s = 0;
    }
}
```

```
}
/******分倒计时关****/
if(b==1&&(menue==2))
{
  fen_count++;
if(fen_count>=6000)   //1 min
{
  fen_count=0;
  mini--;
  if(mini<=0)
  {
      ledk=1;
      mini=0;
  }
}
}        /******分倒计时*****/
if(b==1&&(menue==3))
{
  fen_count++;
if(fen_count>=6000)   //1 min
{
  fen_count=0;
  mini--;
  if(mini<=0)
  {
      ledk=0;
      mini=0;
  }

  }
}
}
}//中断函数末端
```

2. 汇编语言程序

```
ORG    0000H
LJMP    START
        ORG    0003H
        RETI
        ORG    000BH
        LJMP    INTT0
        ORG    0013H
        RETI
        ORG    001BH
        LJMP    INTT1
```

```
        ORG     0023H
        RETI
START: clr  p3.0
        MOV   R0,#70H
        MOV   R7,#0BH
CLEARDISP:  MOV  @R0,#00H
        INC     R0
        DJNZ  R7,CLEARDISP
        MOV   20H,#00H
        MOV   7AH,#0AH
        MOV   TMOD,#11H
        MOV   TL0,#0B0H
        MOV   TH0,#3CH
        MOV   TL1,#0B0H
        MOV   TH1,#3CH
        MOV   R2,#06H
        MOV   R4,#14H
        MOV   60H,#3CH
        SETB  EA
        SETB  ET1
        SETB  TR1
START1:LCALL  DISPLAY
        JNB     P3.3,SET1
        JNB     p3.1,SET3
        SJMP  START1
SET1：  JNB     P3.3,SET4
JB   01H,SET2
        MOV   A,72H
        ADD     A,#01H
        DA      A
        ANL     A,#0FH
        MOV   72H,A
        MOV   70H,72H
        LJMP  START1
SET2：  MOV   A,73H
        ADD     A,#01H
        DA      A
        ANL     A,#0FH
        MOV   73H,A
MOV   71H,73H
        LJMP  START1
SET3：  JNB     p3.1,SET5
        JB      01H,ST
        SETB  01H
```

```
              LJMP   START1
     ST:      mov    a,#00h
              cjne   a,72h,START2
              cjne   a,73h,START2
              clr    01h
              LJMP   START1
     SET4:    LCALL  DISPLAY
              AJMP   SET1
     SET5:    LCALL  DISPLAY
              AJMP   SET3
     START2:  CLR    ET1
              CLR    TR1
              SETB   ET0
              SETB   TR0
     START3:JB   03H,OK
              LCALL  DISPLAY
              SJMP   START3
     INTT0:   PUSH   ACC
              PUSH   PSW
              CLR  ET0
              CLR  TR0
              MOV  A,#0B7H
ADD   A,TL0
              MOV    TL0,A
              MOV    A,#3CH
              ADDC   A,TH0
              MOV    TH0,A
              SETB   TR0
                MOV  A,#0B7H
              ADD    A,TL0
              MOV    TL0,A
              MOV    A,#3CH
              ADDC   A,TH0
              MOV    TH0,A
              SETB   TR0
              DJNZ   R4,OUTT0
              MOV      R4,#14H
              DJNZ   60H,OUTT0
              MOV      R4,#14H
              MOV      60H,#3CH
              DEC    72H
              ANL    72H,#0FH
              MOV    A,72H
              CJNE   A,#0FH,hh
```

```
              DEC   73H
              MOV   72H,#09H
              sjmp  outt0
         HH:CJNE A,#00H,OUTT0
              MOV   A,73H
              CJNE A,#00H,OUTT0
              SETB  03H
OUTT0:   MOV   70H,72H
              MOV   71H,73H
              POP   PSW
              POP   ACC
              SETB  ET0
              RETI
     OK:   CLR   ET0
              CLR   TR0
              SETB  ET1
              SETB  TR1
    OK1:   LCALL DISPLAY
              SJMP  OK1


    INTT1:  PUSH    ACC
              PUSH    PSW
              MOV   TL1,#0B0H
              MOV   TH1,#3CH
              DJNZ  R2,INTT1OUT
MOV    R2,#06H
CPL   02H
              JB      02H,FLASH1
              MOV     70H,72H
              MOV     71H,73H
  INTT1OUT:  POP     PSW
                 POP     ACC
                  RETI
    FLASH1:  JB    03H,FLASH3
                 JB      01H,FLASH2
              MOV   70H,7AH
              MOV   71H,73H
              AJMP   INTT1OUT
    FLASH2:  MOV     70H,72H
              MOV     1H,7AH
              AJMP   INTT1OUT
    FLASH3:  MOV     70H,7AH
              MOV     71H,7AH
              CPL     P3.0
```

```
              AJMP    INTT1OUT
DISPLAY:  MOV        R1,#70H
    PLAY: clr        p3.4
          MOV    A,@R1
          MOV DPTR,#TAB
          MOVC  A,@A+DPTR
          MOV    P1,A
          LCALL    DL1MS
          MOV    P1,#0FFH
          INC    R1
          setb       p3.4
          clr        p3.5
MOV    A,@R1
          MOV DPTR,#TAB
          MOVC   A,@A+DPTR
          MOV    P1,A
          LCALL    DL1MS
          MOV    P1,#0FFH
          setb       p3.5
  ENDOUT:MOV    P1,#0FFH
          RET
TAB:DB 0C0H,0F9H,0A4H,0A8H,99H,8AH,82H,0F8H,80H,88H,0FFH
      ;"0""1""2""3""4""5""6""7""8""9""不亮"
    DL1MS:  MOV    R6,#014H
    DL1:  MOV    R7,#19H
    DL2:  DJNZ    R7,DL2
          DJNZ    R6,DL1
           RET
          END
```

第 3 章　LED 照明系统的浪涌解决方案

3.1　雷电浪涌的产生及危害

3.1.1　雷电浪涌的定义

（1）雷电：在对流旺盛的积雨云团之间、云团内部上下或云团与地面之间形成强的正负电荷放电及爆震的天气现象。雷电现象如图 3 - 1 所示。

（2）浪涌：浪涌也叫突波，顾名思义就是超出正常工作电压的瞬间过电压。

图 3 - 1　雷电现象

3.1.2　雷电浪涌的危害

雷电浪涌的危害如图 3 - 2 和图 3 - 3 所示。

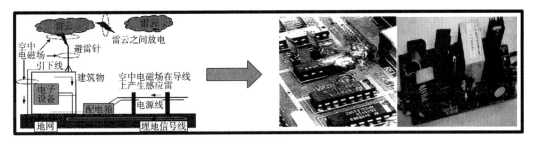

图 3 - 2　危害（一）

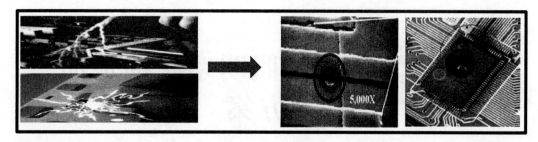

图 3-3　危害（二）

3.2　浪涌标准及防护策略

3.2.1　浪涌防护标准

浪涌防护标准如图 3-4 所示。

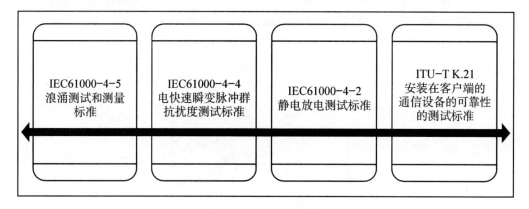

图 3-4　浪涌防护标准

3.2.2　浪涌防护策略

浪涌防护的基本理念:我们简单等效为防洪;防洪的经验就是"疏导"和"隔离",或者说"深挖沟,高筑坝"。浪涌防护也一样。

元器件级

（1）

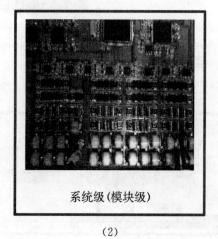

系统级（模块级）

（2）

图 3-5　浪涌防护器件与模块

（1）疏导——把所有的浪涌电流都通过良好的接地系统泄放到大地，不能直接接地的就通过防雷元器件以后再接地，不同的接地系统之间用等电位连接器连接起来。

（2）隔离——利用接地的金属网、金属管等把需要防护的目标物（例如微机房、电源线、信号线等）屏蔽起来，把不能承受高浪涌电压冲击的设备用限压元件隔离起来。

3.3　LED 照明系统的保护电路

3.3.1　LED 照明及控制系统

LED 照明及控制系统如图 3-6 所示。

（1）　　　　　　　　　　　　　　　　（2）

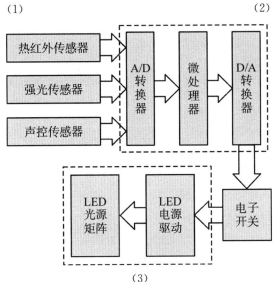

（3）

图 3-6　LED 照明及控制系统

3.3.2　LED 电源保护电路

LED 电源保护电路如图 3-7 所示。

（1）MOV：10～20 D，200～620 V；GDT：3～10 kA，600～800 V。

（2）TMOV：可规避起火和爆炸的风险。

（3）浪涌指标：IEC61000～4～5，1.2/50 μs & 8/20 μs，6 kV/2 Ω，差模和共模，四个相位各±5 次，间隔 1 min。

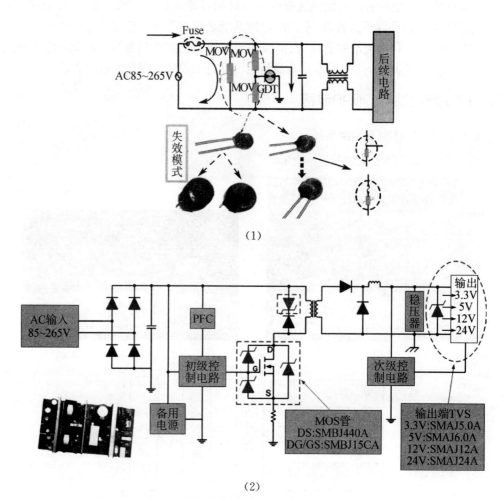

（1）

（2）

图 3-7　LED 电源保护电路

3.3.3　太阳能 LED 灯保护电路

太阳能 LED 灯保护电路如图 3-8 所示。

太阳能 LED 灯要求的浪涌等级为：UL1449，1.2/50 μs，6 kV/3 kA，正八负七，间隔 60 s。

保护器件：TVS、PPTC。

（1）

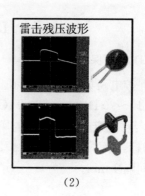

（2）

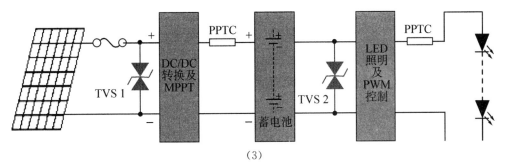

（3）

图 3 - 8 太阳能 LED 灯保护电路

3.3.4 汽车 LED 灯保护电路

汽车 LED 灯保护电路如图 3 - 9 所示。

测试标准：ISO7637—2,P5a

方案 1：MOV 成本低,但是工作温度低、寿命容易衰减。

方案 2：TVS 的响应速度快、钳位电压低,但是脉冲承受力弱,串联电阻功耗大。

方案 3：ATH 脉冲承受力强、钳位电压低,不容易衰减,工作温度高。

（1）

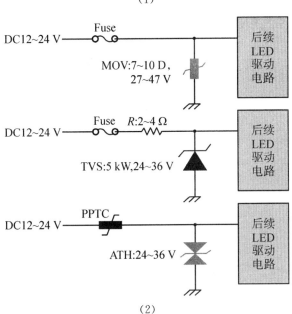

（2）

图 3 - 9 汽车 LED 灯保护电路

3.3.5 控制电路—RS485 的浪涌防护电路

RS485 是标准的工业串口通信,通信距离可达 1 200 m,最大传输速率可达 10 Mb/s,一般采用两级的防雷设计。控制电路—RS485 的浪涌防护电路如图 3-10 所示。

浪涌指标:IEC61000—4—5,1.2/50 μs,2 Ω,6 kV;ITU-T K. 21,10/700 μs,40 Ω,6 kV。

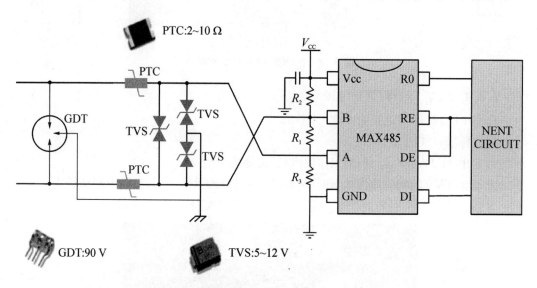

图 3-10 控制电路—RS485 的浪涌防护电路

3.3.6 控制电路—RS232 的浪涌防护电路

RS232 是串行数据通信的接口,被广泛用于计算机串行接口外设连接。RS232 的最高传输速率 19 200 b/s,最大的传输距离 25 m。因此对于 RS232,可以采用 TVS+PTC 的方式来构成浪涌防护电路。如图 3-11 所示。

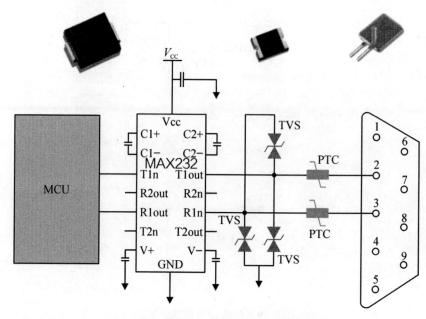

图 3-11 控制电路—RS232 的浪涌防护电路

3.3.7　通信电路—RJ45 的浪涌防护电路

通信电路—RJ45 的浪涌防护电路如图 3 - 12 所示。

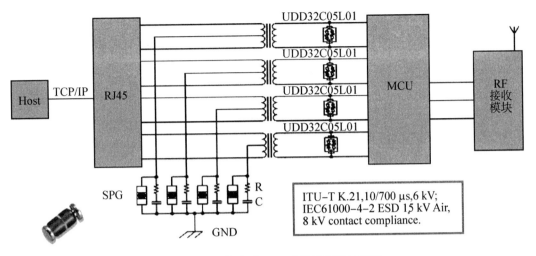

图 3 - 12　通信电路—RJ45 的浪涌防护电路

3.3.8　通信电路—RJ11 的浪涌防护电路

通信电路—RJ11 的浪涌防护电路如图 3 - 13 所示。

(1) ITU-T K. 21:10/700 μs,差模/共模,6 kV±5 times。

(2) SPG 成本低,体积小。

(3) 差模间使用 UDD32C05L01 或者 UDD32C12L01,相对于使用 over rail clamping 的器件来说,可以避免浪涌耦合到电源。

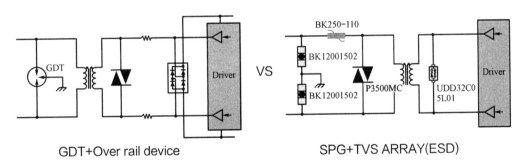

图 3 - 13　通信电路—RJ11 的浪涌防护电路

第 4 章　DIALux 照度模拟软件使用

4.1　DIALux4.13 软件安装步骤

DIALux4.13 安装步骤如图 4-1 至图 4-18 所示。

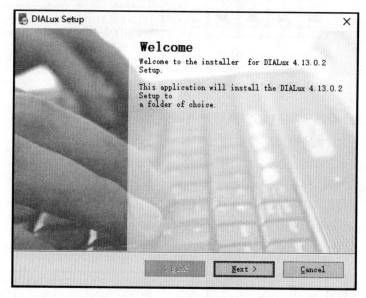

图 4-1　DIALux Setup 安装欢迎界面(一)

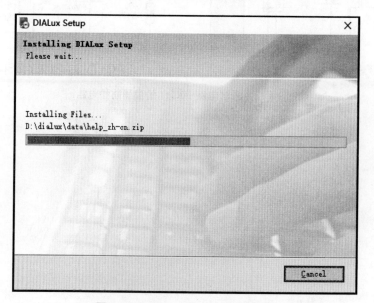

图 4-2　DIALux Setup 安装进度条

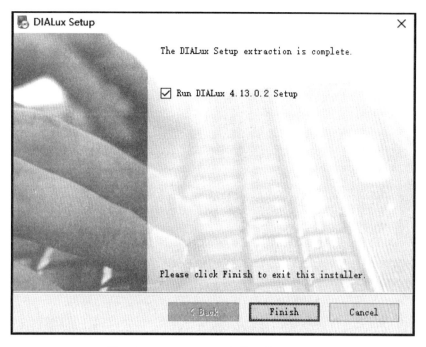

图 4-3　DIALux Setup 安装完成界面(一)

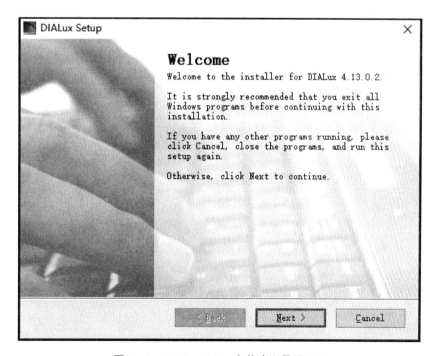

图 4-4　DIALux Setup 安装欢迎界面(二)

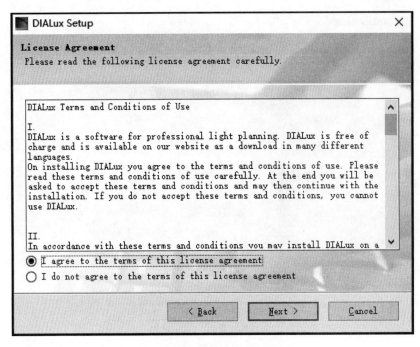

图 4-5　许可协议

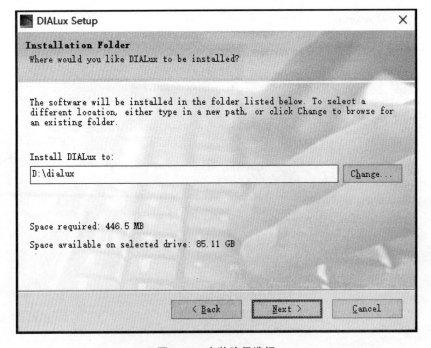

图 4-6　安装路径选择

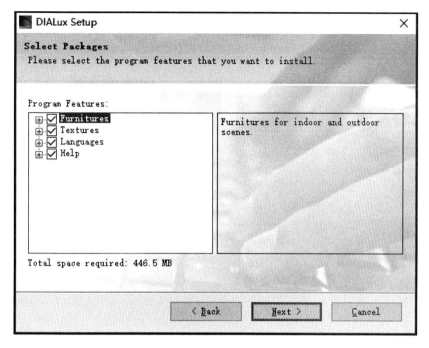

图 4-7　选择包

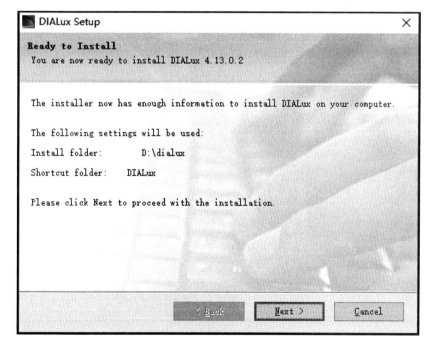

图 4-8　准备安装界面

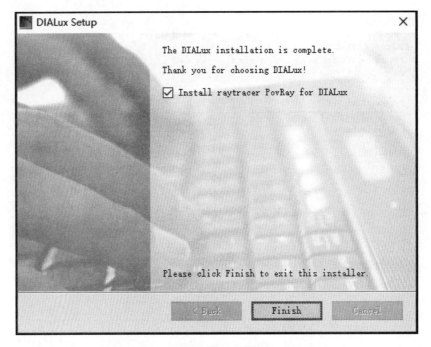

图 4 - 9　DIALux Setup 安装完成界面(二)

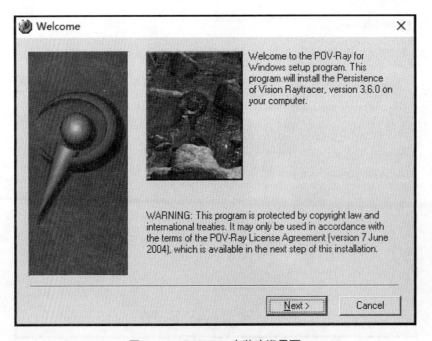

图 4 - 10　POV-Ray 安装欢迎界面

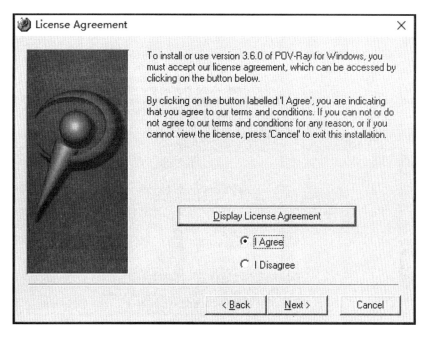

图 4‑11　许可协议

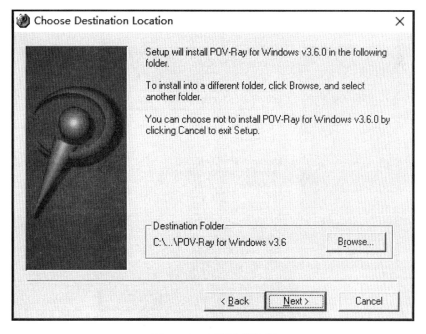

图 4‑12　目标路径选择

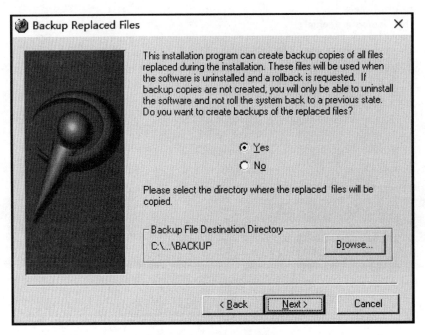

图 4-13　备份路径选择

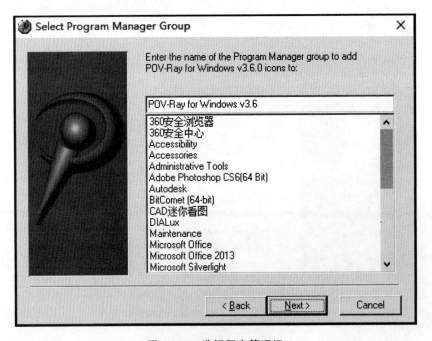

图 4-14　选择程序管理组

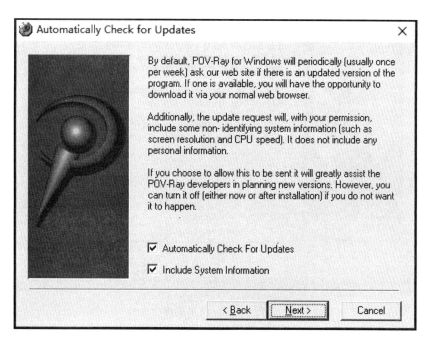

图 4-15　自动检测更新

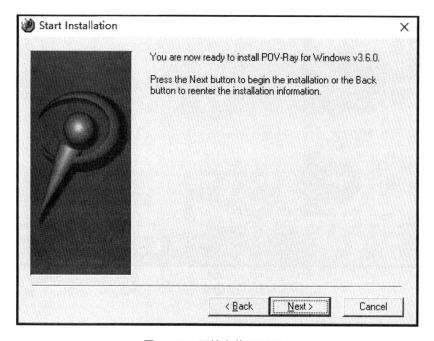

图 4-16　开始安装 POV-Ray

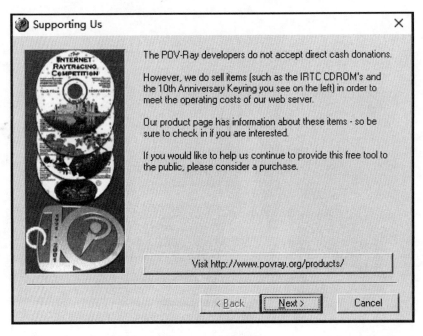

图 4 - 17　技术支持

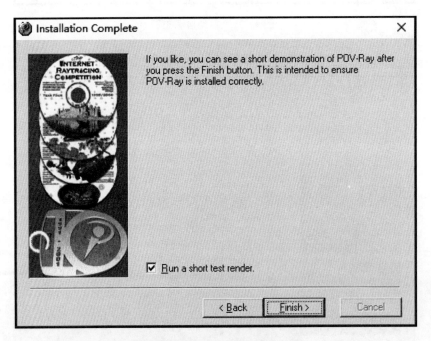

图 4 - 18　POV-Ray 安装完成界面

4.2　DIALux 灯光精灵

4.2.1　DIALux 灯光精灵功能介绍

从 DIALux 3.1.5 版开始,提供 DIALux 灯光精灵的功能。它能帮助您快速、简捷地完成照明设计。有了它,即使不常使用 DIALux 的人,无需进行全面的软件培训,也能用 DIALux 制作设计案。

灯光精灵开启后,会出现一个欢迎画面(图 4-19),并说明下面所进行的步骤。若您完成一个窗口的输入后,请按"下一步"键。

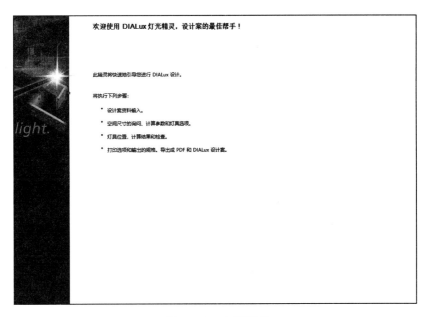

图 4-19　欢迎界面

在设计案的资料窗口,您可输入设计人及客户的数据。这些数据以后都会被打印在报表中,如图 4-20 所示。

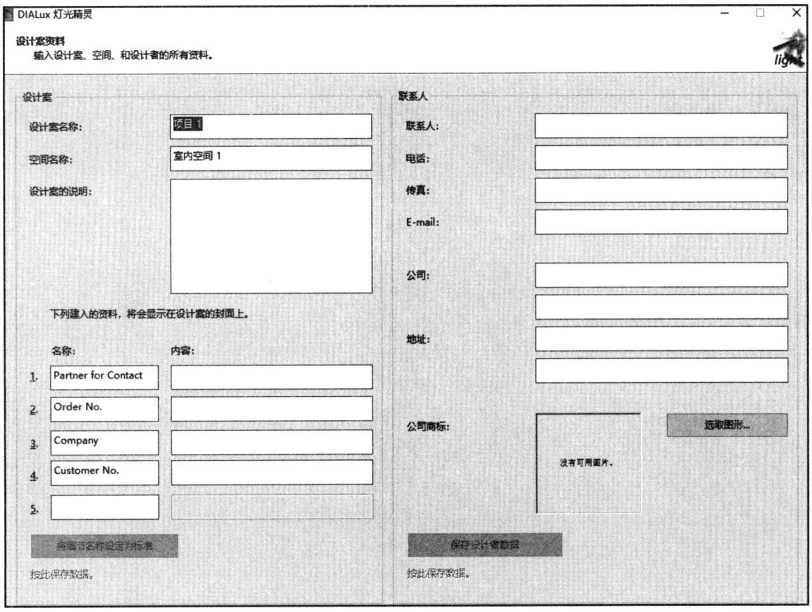

图 4-20　"设计案资料"窗口

在数据输入窗口,您可以在右侧确定空间的几何形状。一般来讲,DIALux 总是先预设一个长方形的空间。若您勾选 L 形状空间,DIALux 精灵就会显示一个 L 形状空间。在此请注意边长 a、b、c 和 d 是如何在图中显示的。在右侧您同样能更改天花板、墙壁和地板的反射度。墙壁的反射度一旦设定，就适用于所有的墙壁。如图 4-21 所示。

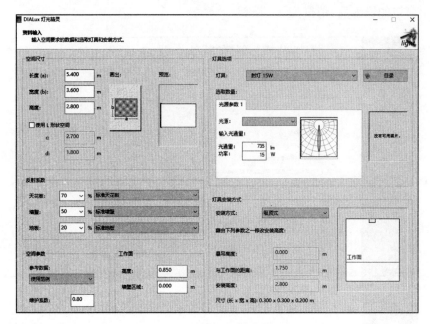

图 4-21 "资料输入"窗口（一）

按选数据库，您能开启一家厂商的插件。您可以选取所需灯具，按"使用"键后，再关闭插件。DIALux 这时就将您选的灯具显示在左上角（一般来说，DIALux 精灵总是显示您最后选取的灯具）。如图 4-22 所示。

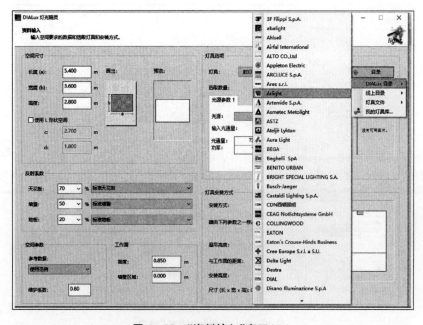

图 4-22 "资料输入"窗口（二）

在计算和结果的窗口，DIALux 精灵按照功效原则计算空间必需的灯具，已达到要求的照度。在计划照度区域中输入照度值。而且，精灵将不会计算空间之外的灯具。在水平排列和垂直排列区中，您能确定灯具之间、灯具与墙壁之间的距离。若您完成了所有的数据输入,请按"开始计算"键开始计算。如图 4 - 23 所示。

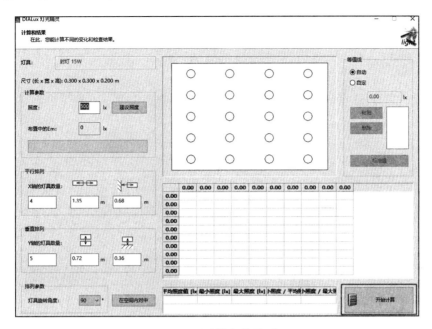

图 4 - 23　"计算和结果"窗口

计算完成后,精灵会将结果以等值线图和工作面表格的形式显示出来。在结果报表区,您能打印报表或将结果以 PDF 文件储存。在此只需用鼠标勾选报表旁的小格,来确定您所要的打印内容。您可通过打印标记旁边的选项格来决定哪些报表要被打印。一般情况下,所有的报表都会被勾选。但若您只需一个简短概要,则只需勾选简介旁的小格;若要向客户呈示设计结果,就最好勾选所有的报表。如图 4 - 24、图 4 - 25 所示。

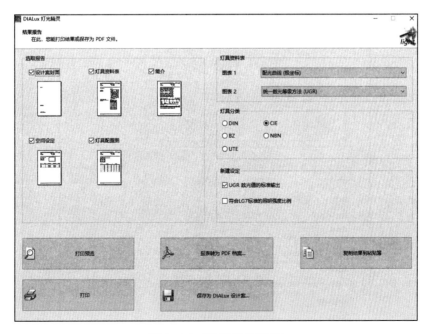

图 4 - 24　"结果报告"窗口

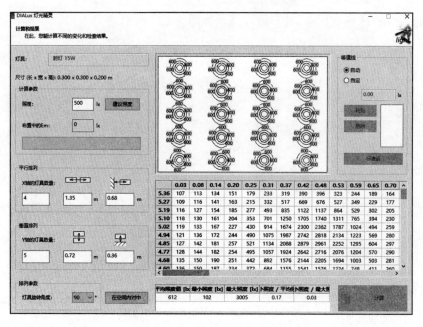

图 4 - 25　"计算和结果"窗口

最后 DIALux 灯光精灵呈现完毕对话框。在您结束精灵后,计算结果会以 3D 图像再次出现在您的屏幕上。这时您可按选"文件保存"来储存计算结果。如图 4 - 26 所示。

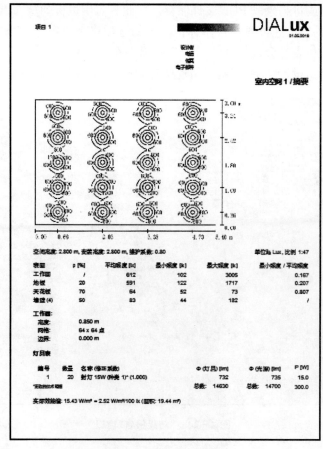

图 4 - 26　完毕对话框

4.2.2　DIALux 各项精灵的操作使用

若您第一次使用 DIALux,而且尚无很多 CAD 软件的使用经验,我们建议您先使用"精灵辅助"来帮您完成第一个设计案。

图 4-27　在欢迎界面选择 DIALux 精灵

完成软件安装后,DIALux 总是以一个欢迎画面来打开程序,如图 4-27 所示。您能在该窗口用鼠标左键点选 DIALux 精灵。若您未看见这个欢迎窗口,则可在菜单中的文件"精灵模式…"处找到精灵,如图 4-28 所示。

图 4-28　在菜单中选择 DIALux 精灵

我们将以下图为例,来阐述精灵的使用功能。如图 4-29 所示为 L 形状空间 500 lx 工作面的灯具区。

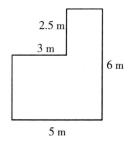

图 4-29　L 形状空间

在此您只要点选"快速室内空间设计",精灵即开始运行,如图 4 - 30 所示。

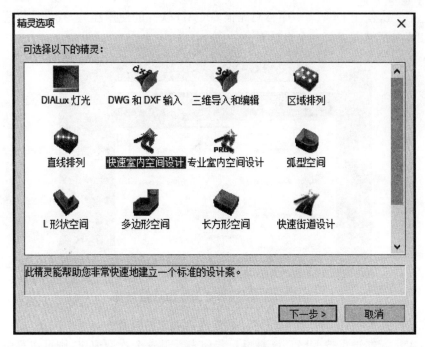

图 4 - 30 "精灵选项"窗口

照指令按"下一步"键来确定每一步骤,如图 4 - 31、图 4 - 32 所示。

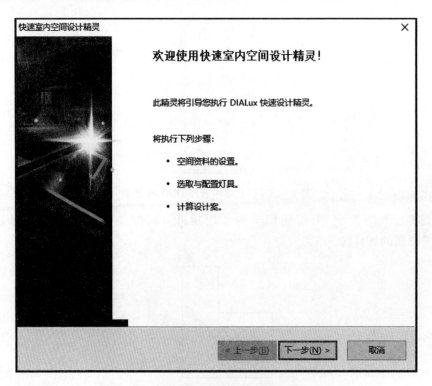

图 4 - 31 "快速室内空间设计精灵"欢迎界面

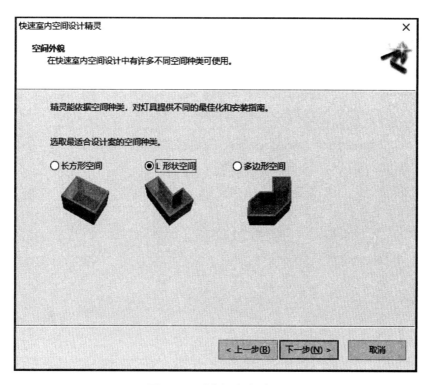

图 4 - 32　"空间外貌"窗口

命名您的模拟空间名称,请填入空间名称如图 4 - 33 所示。

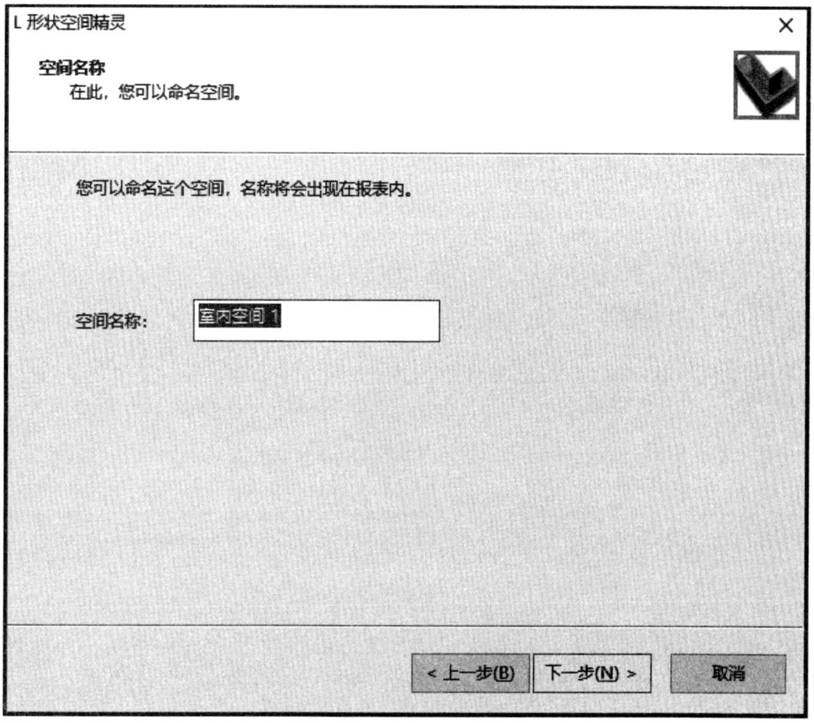

图 4 - 33　"空间名称"窗口

选择 L 形状空间，并定义方向，如图 4-34 所示。

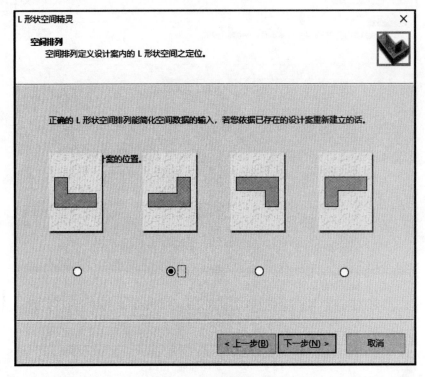

图 4-34 "空间排列"窗口

接着输入空间尺寸和高度，如图 4-35 所示。每面墙壁都由一个小字母来代表，图例中间的简图说明字母与墙壁的关系。

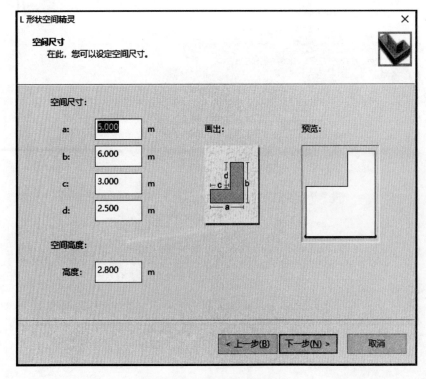

图 4-35 "空间尺寸"窗口

　　输入墙壁、地板和天花板的反射率,选择墙壁、地板和天花板材质,选择墙壁、地板和天花板颜色。若您要使用 DIALux 的标准值,可直接按"下一步"。如图 4-36、图 4-37 所示。

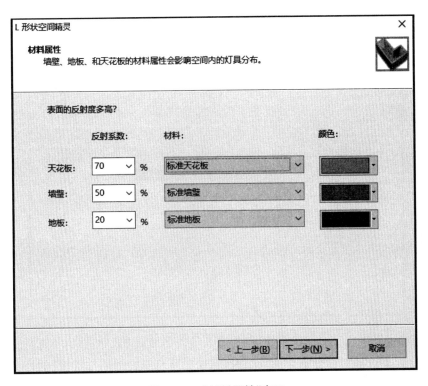

图 4-36　"材料属性"窗口

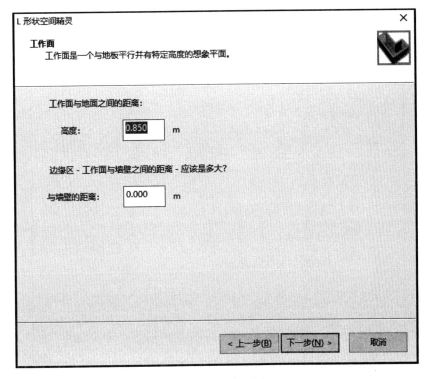

图 4-37　"工作面"窗口

输入维护系数并选择参考范围,若您要使用 DIALux 的标准值,可直接按"下一步",如图 4-38 所示。

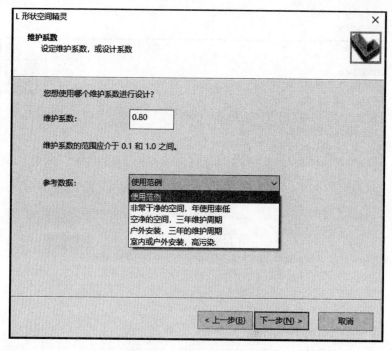

图 4-38 "维护系数"窗口

若您在灯具选择对话框中点选数据库,就能打开已安装的插件或"我的灯具库"。在"我的灯具库"中已储存了一些示范型的灯具数据,您也可以将您常用的灯具保存在这里,以便能快速找到所需要的灯具。

DIALux 这时会在灯具选取对话框内显示您所选的灯具,如图 4-39 所示。

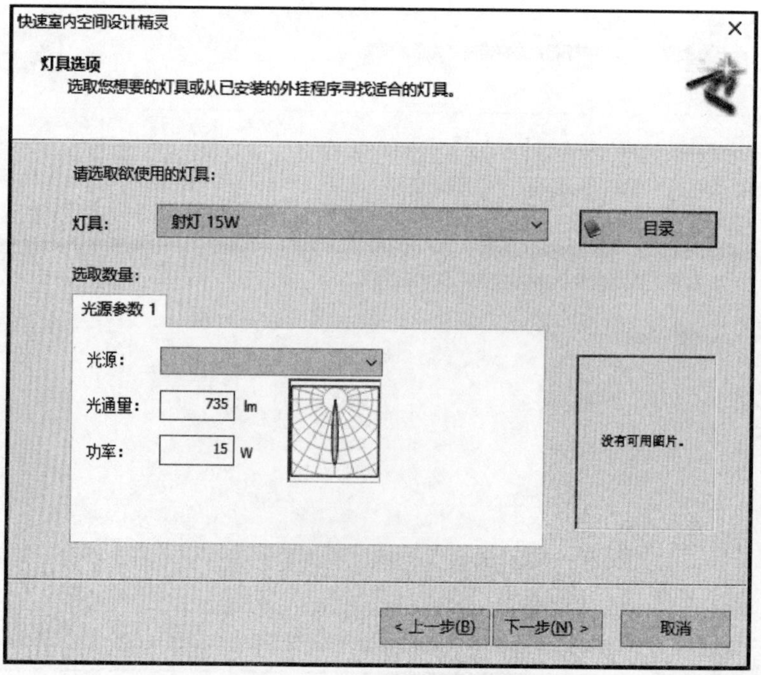

图 4-39 "灯具选项"窗口

这里您可选取灯具安装方式,如图 4 - 40 所示。

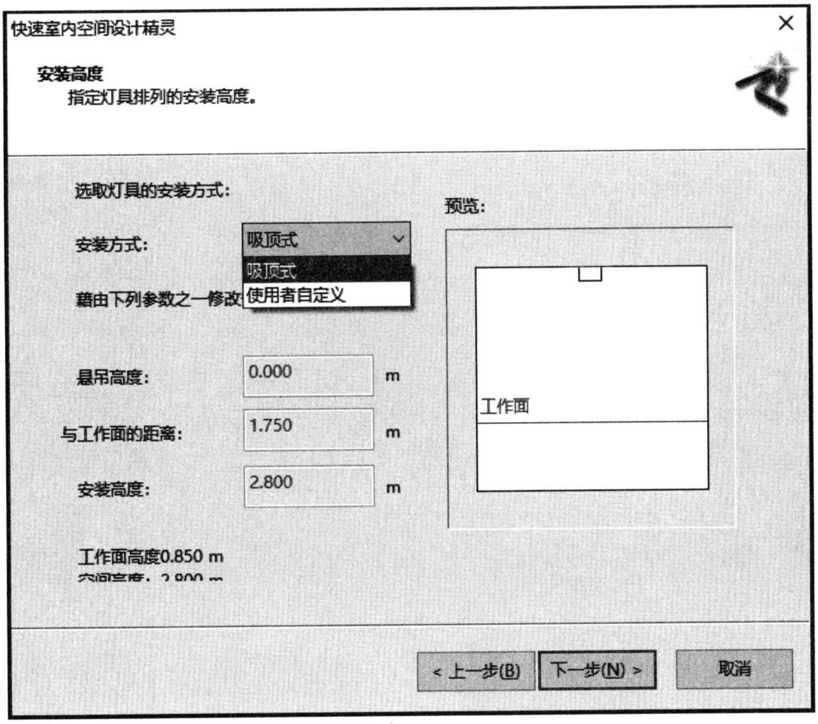

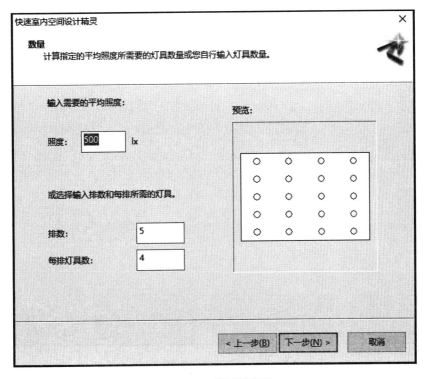

图 4 - 40 "安装高度"窗口

依照功效方法,DIALux 为某特定照度计算所必需的灯具数量。这里,空间以外的灯具将不会计算在内。如图 4 - 41 所示。

图 4 - 41 "数量"窗口

请指定空间内的灯具排列方式,如图 4 - 42 所示。

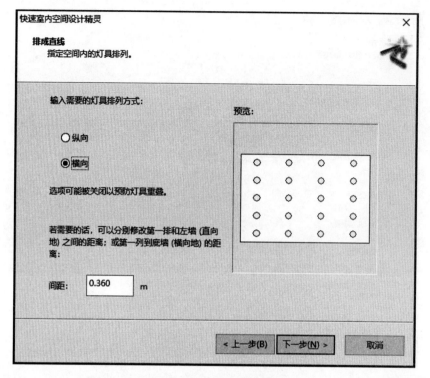

图 4 - 42　"排成直线"窗口

请指定空间内的灯具是否连续排序,如图 4 - 43 所示。

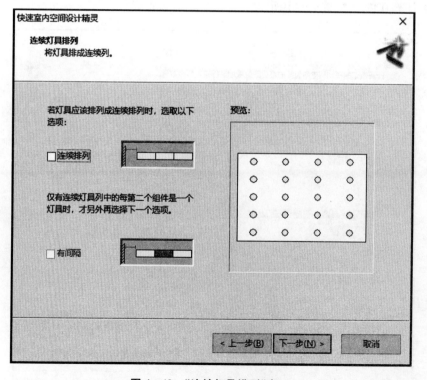

图 4 - 43　"连续灯具排列"窗口

　　按下"完成"键后,DIALux 就开始计算,并以立体视图来表示计算结果,如图 4-44、图 4-45 所示。

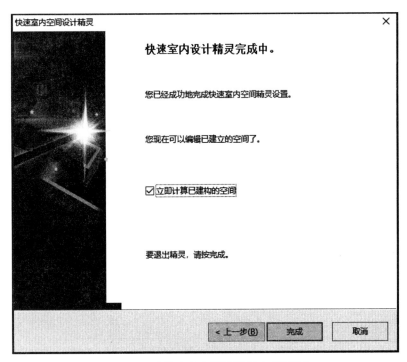

图 4-44　"快速室内设计精灵完成"窗口

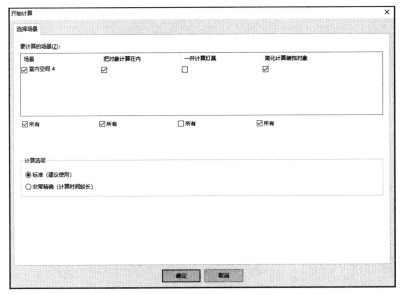

图 4-45　"开始计算"窗口

打印单一报表,如图 4-46、图 4-47 所示。

图 4-46　在菜单栏选择打印单——报表选项

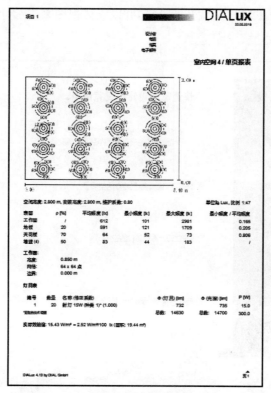

图 4-47　单页报表

4.3　室内照明设计

4.3.1　编辑空间

编辑空间步骤如图 4-48 至图 4-56 所示。

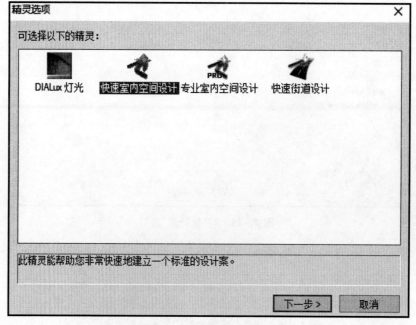

图 4-48　"精灵选项"窗口

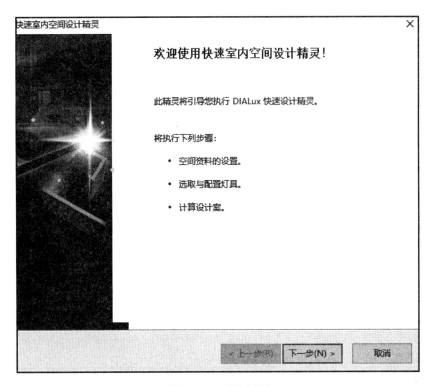

图 4 - 49　欢迎界面

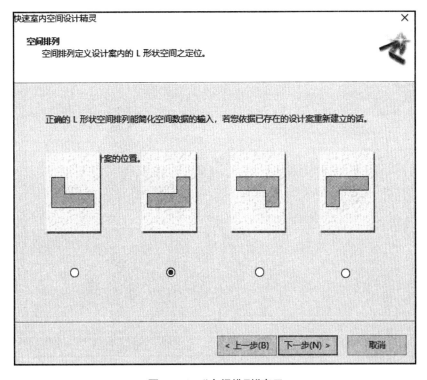

图 4 - 50　"空间排列"窗口

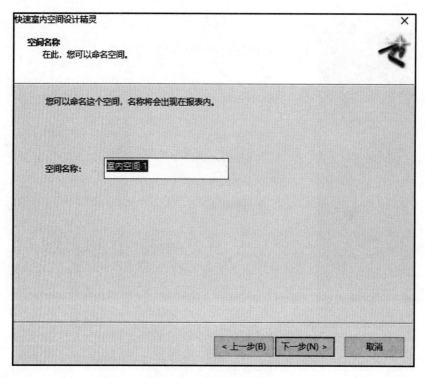

图 4‑51 "空间名称"窗口

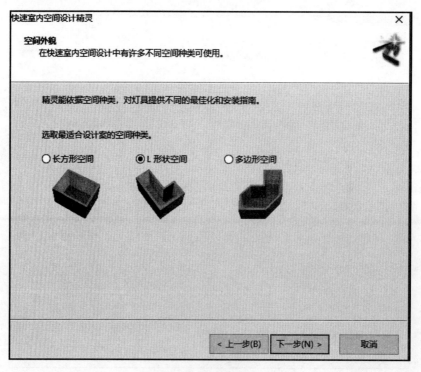

图 4‑52 "空间外貌"窗口

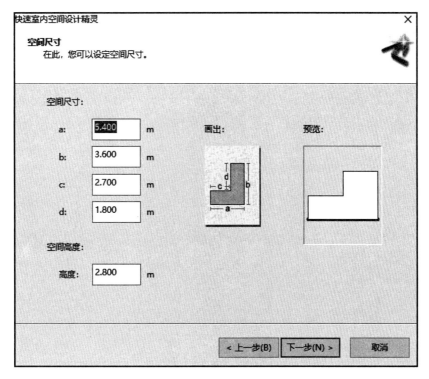

图 4-53　"空间尺寸"窗口

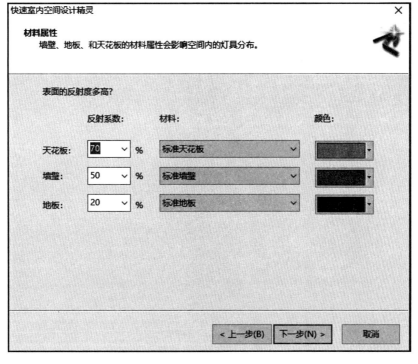

图 4-54　"材料属性"窗口

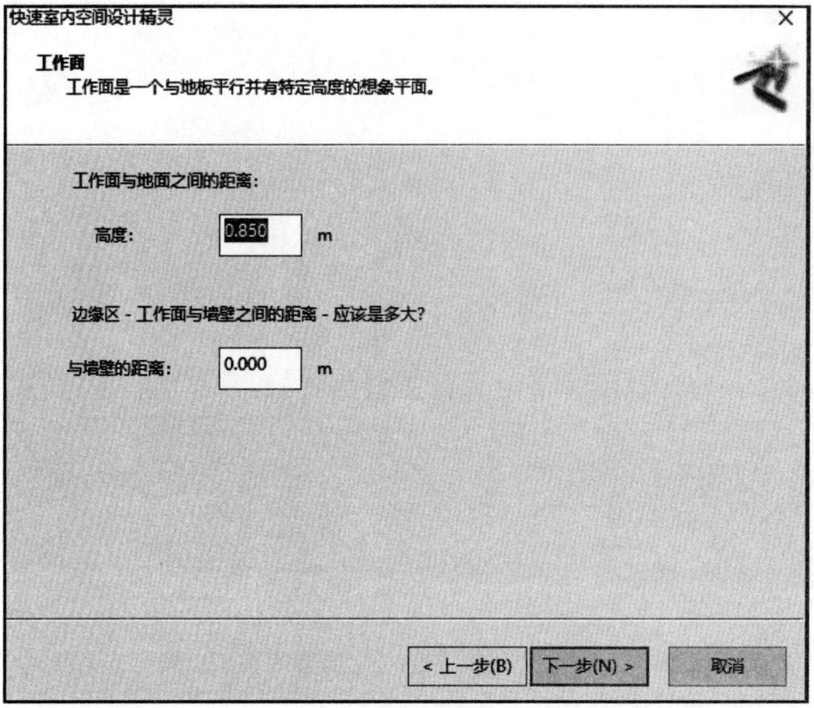

图 4－55 “工作面”窗口

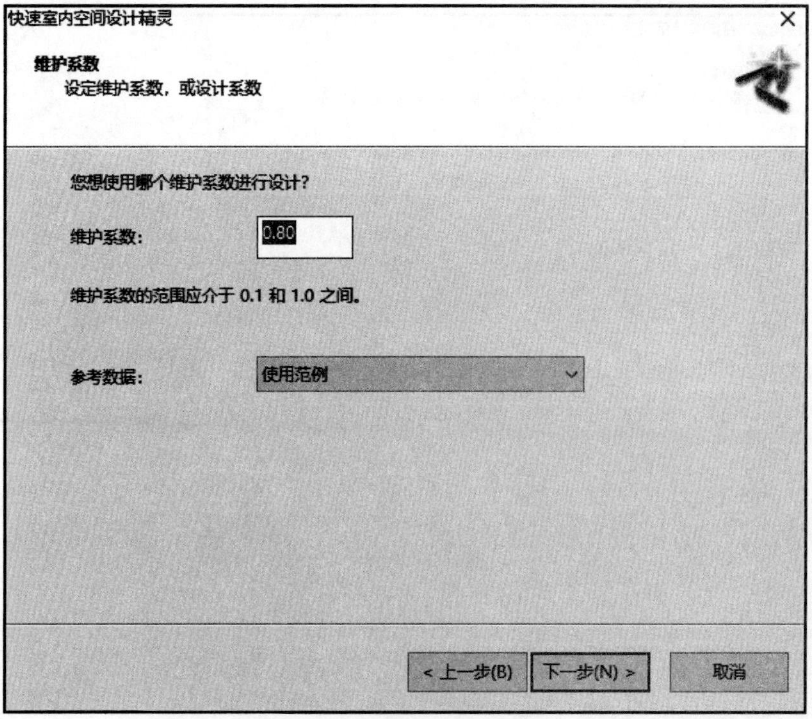

图 4－56 “维护系数”窗口

4.3.2　选择灯具

选择灯具步骤如图 4 - 57 至图 4 - 68 所示。

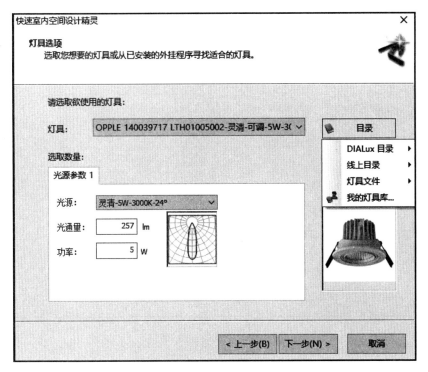

图 4 - 57　"灯具选项"窗口(一)

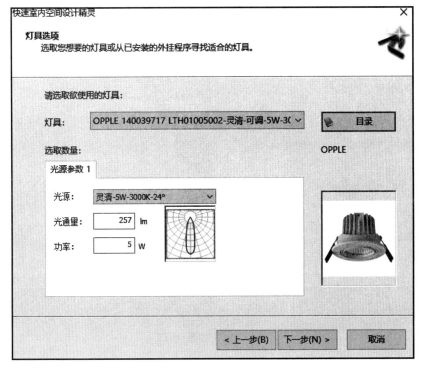

图 4 - 58　"灯具选项"窗口(二)

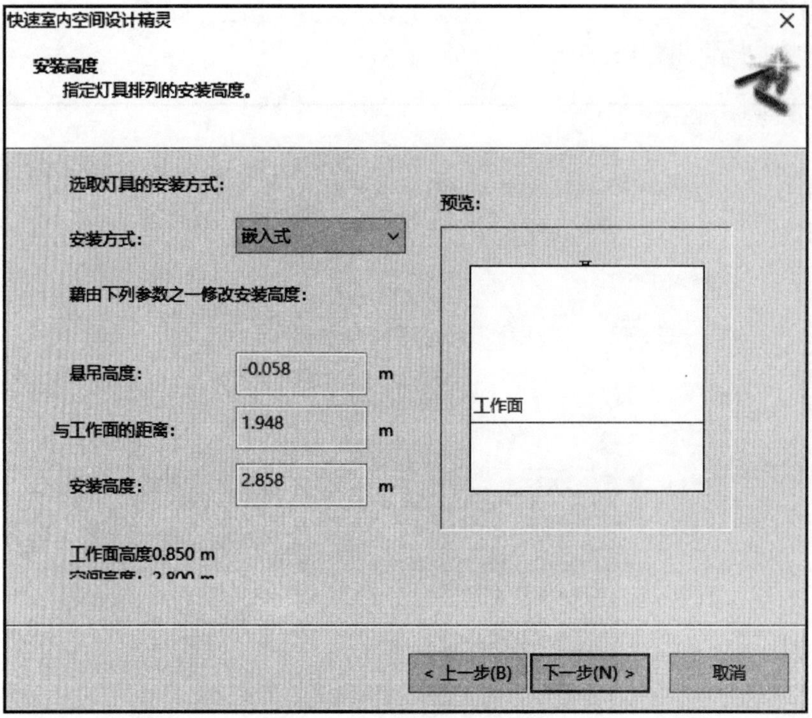

图 4 - 59 "安装高度"窗口

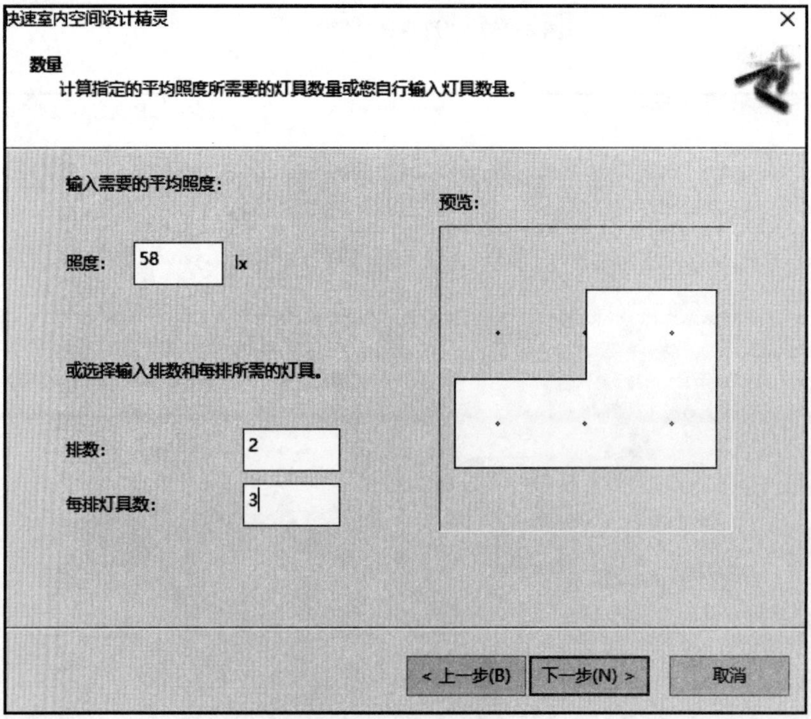

图 4 - 60 "数量"窗口

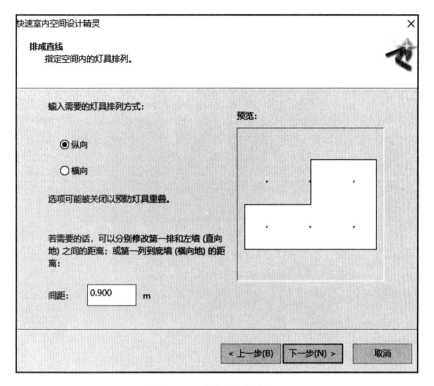

图 4－61　"排成直线"窗口

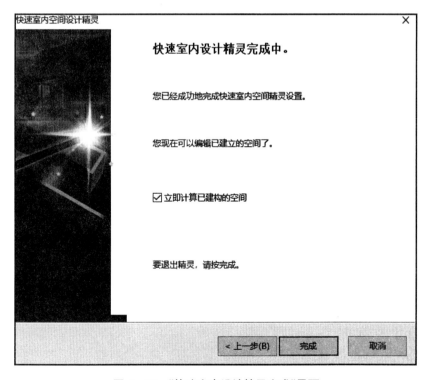

图 4－62　"快速室内设计精灵完成"界面

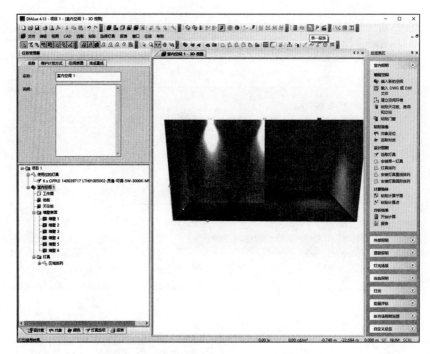

图 4-63 在菜单栏选择打印单一报表选项

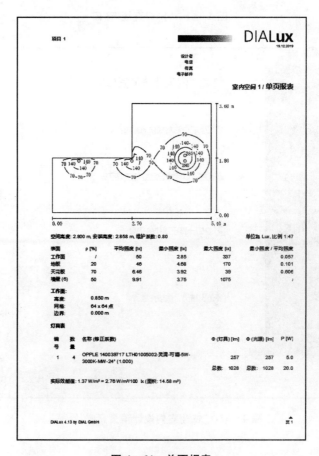

图 4-64 单页报表

4.3.3　简易计算维护系数法

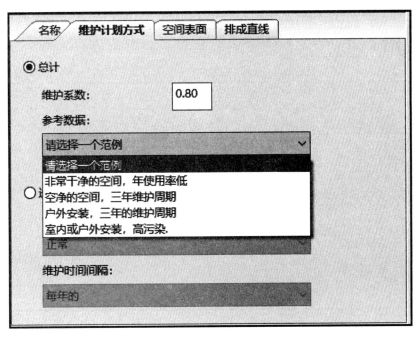

图 4-65　"维护计划方式"选项

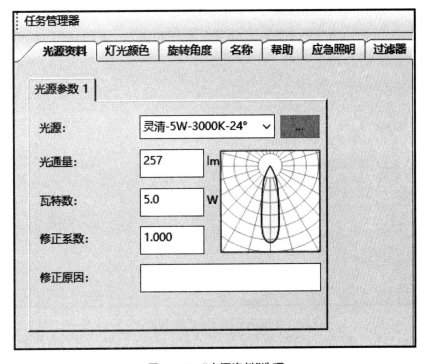

图 4-66　"光源资料"选项

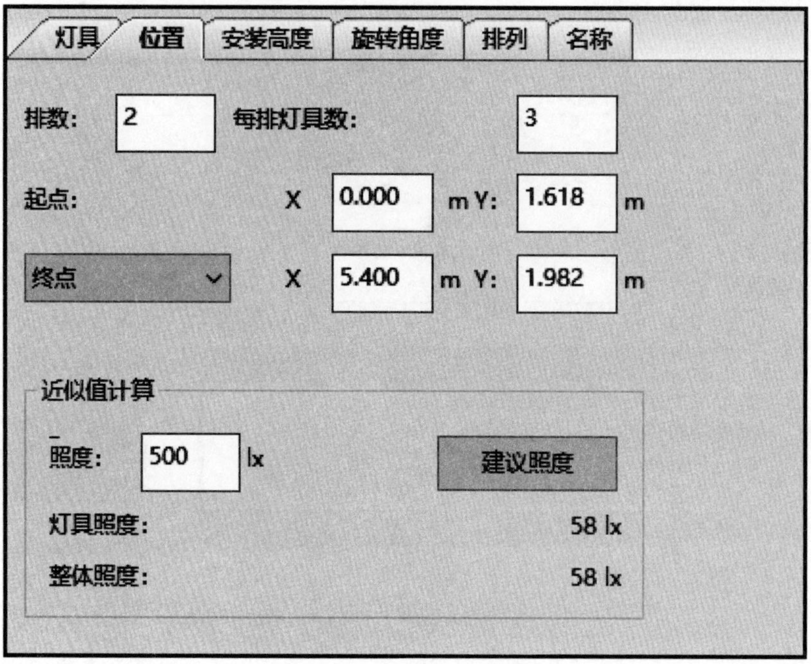

图 4－67 "位置"选项

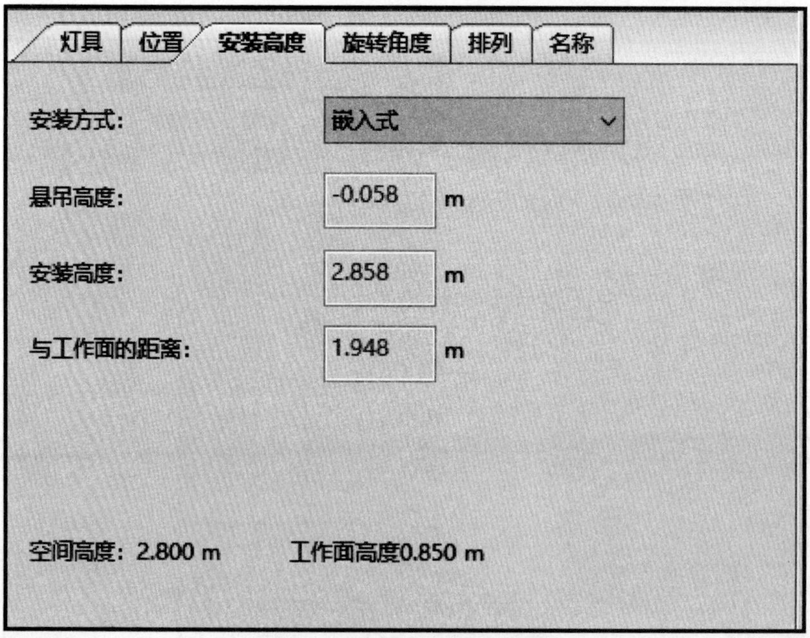

图 4－68 "安装高度"选项

4.3.4　建立家具、导入家具

建立家具、导入家具步骤如图 4 - 69 至图 4 - 74 所示。

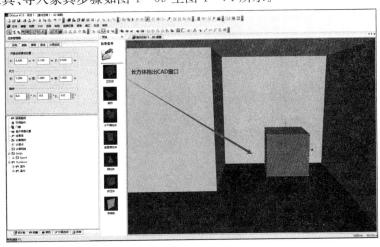

图 4 - 69　添加长方体组件

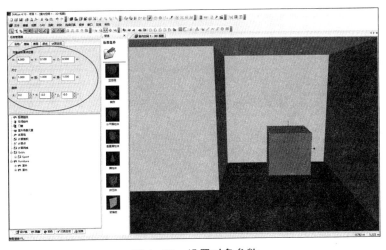

图 4 - 70　设置对象参数

图 4 - 71　合并对象

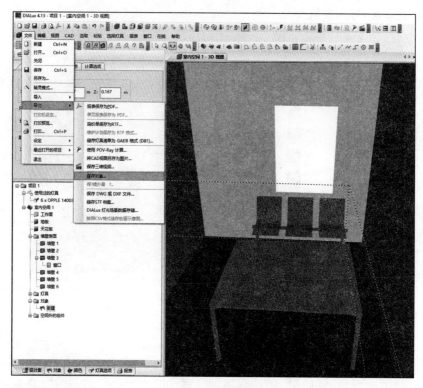

图 4-72　保存对象

图 4-73　保存路径

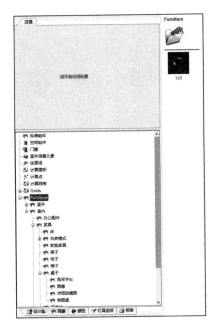

图 4-74　保存结果

在 DIALux 的标准体中含有物体"挤压体"。要生成一个挤压体,您只需将对象从家具预览中拉入室内空间或户外场景。这时会出现一个边长为 1 m×1 m×1 m 的六面体,同时在属性页中显示在室内平面、计算面与地面元素中已出现过的多边形编辑器。您能同往常一样为物体指派一个任意平面图。方法既可为在角点坐标上输入数字,也可在图形上拉伸角点、移动直线或按选右键来插入更多的角点。一旦确定了物体的形状,就可对挤压高度作出指定。接着可对该物体作旋转、合并、减除或长期储存。当然您也可对它指派颜色与材质。如图 4-75 所示。

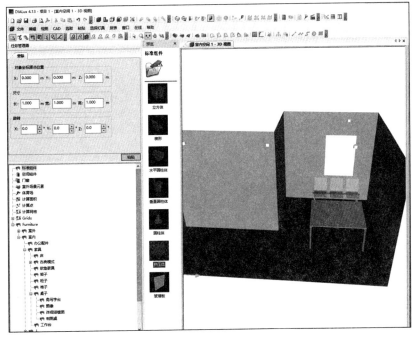

图 4-75　挤压体

玻璃体对象现在与光迹追踪的预览一起纳入 DIALux 4.13 内。玻璃体对象与其他对象不同的地方是它能隐藏或显示。如图 4-76 和图 4-77 所示。

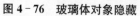

图 4-76　玻璃体对象隐藏

图 4-77　玻璃体对象显示

4.4　户外照明设计——街道照明

4.4.1　标准街道

DIALux4.13 帮助您设计标准街道。在同一个设计案中,您不仅可设计室内和户外场景,同时也可加入标准街道的设计。在软件打开后的欢迎窗口,您可直接利用。如图 4-78 所示。

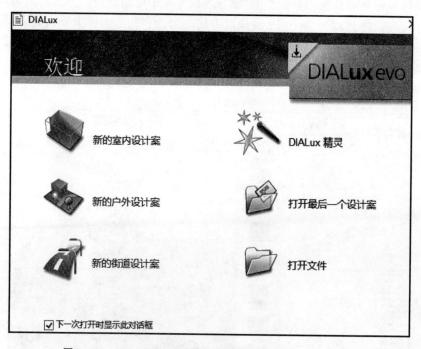

图 4-78　DIALux4.13 的开启对话框——打开街道设计案

利用菜单置入标准街道，如图 4－79 所示。

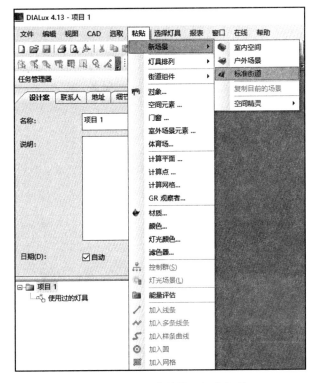

图 4－79　利用菜单置入标准街道

也可利用总览表区中的相关选项来进行，如图 4－80 所示。

图 4－80　通过"总览表区"置入标准街道

当然，您也能利用我们的街道快速设计精灵。

4.4.2　快速街道设计精灵

在欢迎窗口请用鼠标左键选择"DIALux 精灵"，如图 4－81 所示。

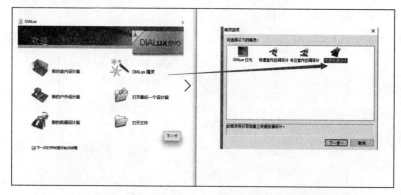

图 4 – 81   DIALux 精灵——精灵选择快速街道设计

若您未能看到欢迎窗口,则可在菜单文件"精灵"中找到它,如图 4 – 82 所示。

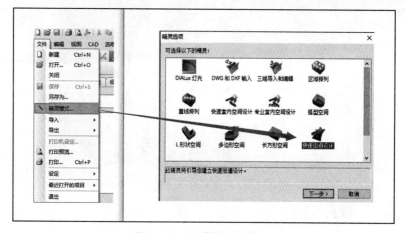

图 4 – 82   用菜单打开精灵

该精灵支持您快速完成街道设计,如图 4 – 83 所示。

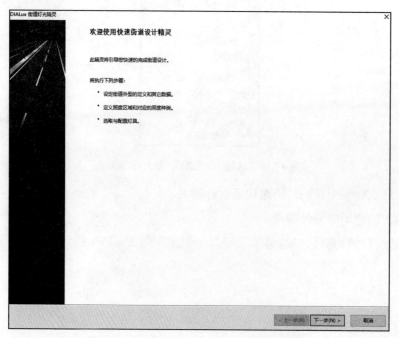

图 4 – 83   街道快速设计精灵的开启对话框

在这里您可指定街道的各个组件及属性,然后按"下一步"键进入设计的下一步骤,如图 4 - 84 所示。

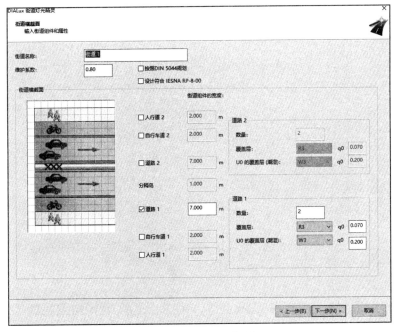

图 4 - 84　设定街道特征

您可选出街道设计案中要用的车行道组件,然后选择干燥与潮湿条件下的街道覆盖层,这在计算"U0 潮湿"稳定性时必不可少。在此页上同样可输入街道名称和维护系数。

下列窗口中您可设定单一或组合的街道评估区域,如图 4 - 85 所示。为定义对街道的光源要求,您可为每单一或组合的评估区域选择一种照度种类。这也是 EN13201 标准的新增内容。

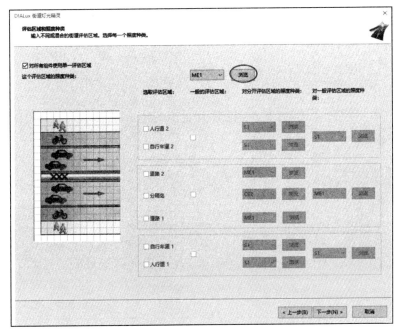

图 4 - 85　评估区域和照度种类

按下"浏览"键钮,可开启照度种类精灵。在此参阅有关照度种类精灵的章节。您同样也可为每一元件选择单独的评估区域及所属的评估种类。如图4-86所示。

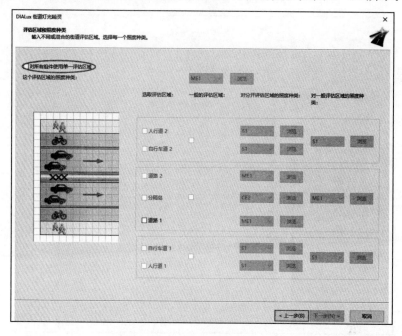

图 4-86 评估区域和照度种类

在灯具排列项上,您可选出一种灯具并安置到排列中。同时视已经定义的光源要求而定,可对排列参数进行优化。照度种类和照明环境决定优化参数。使用者这里可自行决定对哪个变量作最优化。例如:光点距离、光点高度、倾斜角等,或者几个变量同时进行最优化。

在评估区域窗口能挑选一个优化评估区域,也就是您能决定优化过程中的所有参数,在个别数字点一下改变限制值。如图4-87所示。

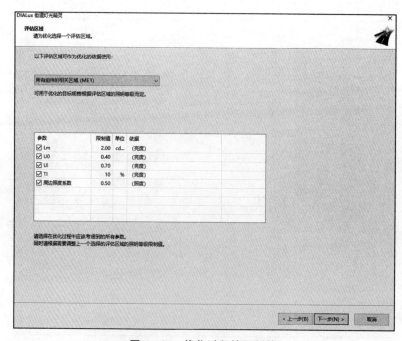

图 4-87 优化过程的限制值

DIALux 提供您所选的参数排列街道。但是,有些情况依据参数或使用的灯具所进行的排列无法实现所有可以找到的限制值。在备用列表窗口可以具体指定较低的限制值,因此可以把所有排列方式进行三级划分(合适、非常合适与不合适),若无备用列表,则只有两级划分排列(合适与不合适)。如图 4 - 88 所示。

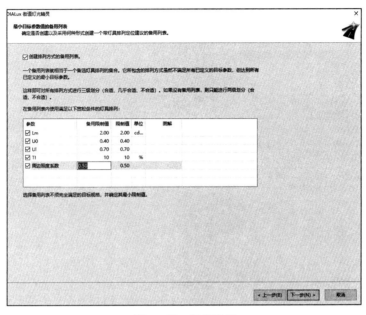

图 4 - 88　备用列表

接着在下一个窗口挑选灯具。您能挑选及比较同一家厂商的不同灯具。按下"添加"进入挑选。注意:无法对不同的灯具产商进行相互比较。

从您最近使用的灯具列表或从已安装的目录选择灯具。按下"选择"后现有的灯具会放在"已选择的灯具"窗体中。若您选完所有优化过程需考虑的灯具时,按下"结束选择"键。在"已选择的灯具"窗体中,您能选取每个产品查看它的特性,或将它删除。如图 4 - 89 所示。

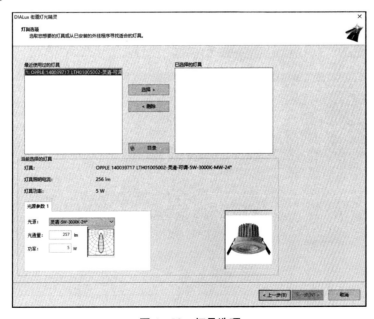

图 4 - 89　灯具选项

最后具体指定用于优化排列的参数,例如灯杆距离、与工作面或光点突出的高度。另外,您能编辑固定参数的数值及排列方式。若您按"下一步",优化排列会自动开始计算。如图 4 - 90 所示。

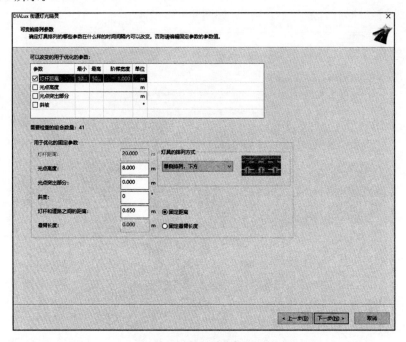

图 4 - 90 可变的排列参数

DIALux 在计算之后会提供您定位建议。建议显示分成合适、非常合适(提供您激活的替代窗体)及不合适排列。您能按下窗体上"+/-"符号打开或关闭这三种级数。当您按下表头字段文字时,其结果值能上下依不同的参数显示。DIALux 会在表尾显示需要的目标参数值。若要执行一个建议值,只要点选它即可。如图 4 - 91 所示。

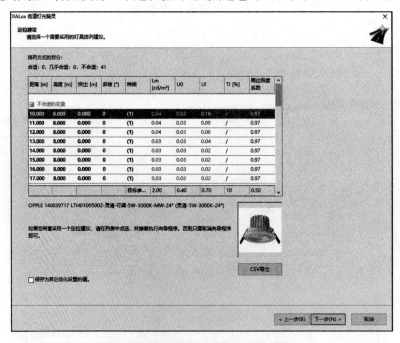

图 4 - 91 定位建议

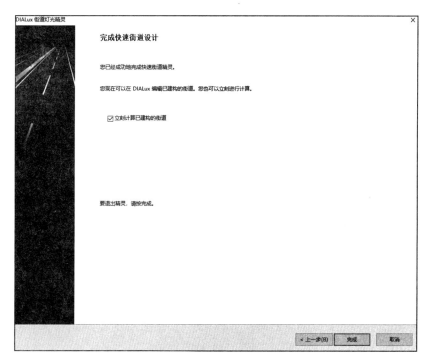

图 4-92　完毕对话框

如图 4-92 所示,在按下"完成"键后,您的街道设计案就制作成了。但您仍可依据需要,作手动编辑修改。

4.4.3　优化的街道灯具排列

您也能在现有的街道内粘贴一个优化排列。方法是在设计街道后,选取主菜单的文件→精灵模式→优化的街道灯具排列。如图 4-93 所示。

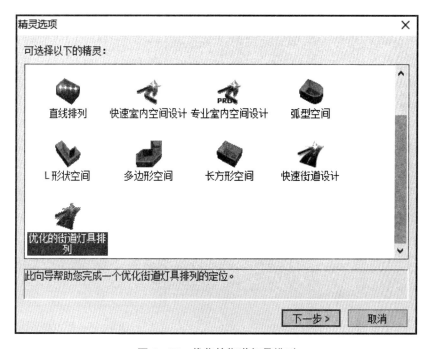

图 4-93　优化的街道灯具排列

或在检阅区街道旁,按下鼠标右键打开下拉菜单及在总览表区点选"粘贴优化的灯具排列"。如图 4-94 所示。

优化过程将依据快速街道设计精灵的方式完成。精灵一开始是一个"评估区域"窗口。

4.4.4　不用精灵的街道设计

街道设计刚开始时,一条街道只有一个待评估区域的车道,如图 4-95 所示。

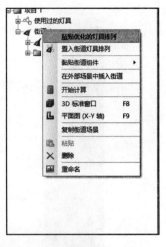

图 4-94　灯具排列下拉菜单

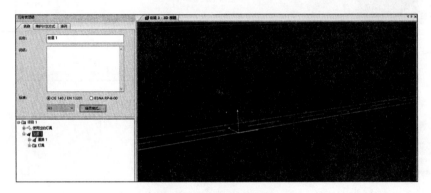

图 4-95　置入标准街道

只要在任务管理器中标选了街道,您就可对它作一般的设定。在检阅区中可输入名称、一般说明、维护系数或设计系数以及照度情形。

照度情形可手动输入或利用精灵。一般情况下,您的街道(设计案)总是包含了一种照度情形,这里定名 A1。

照度情形取自于欧洲 CEN/TR 13201—1 标准化委员会的技术报告,它是定义街道照明标准的基础。若您无法判断该使用何种照度情形的话,可利用精灵来推算。开启照度情形精灵可点选"精灵模式…"按键(见图 4-96)。

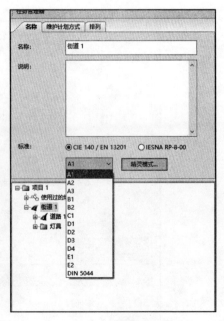

图 4-96　照度情形选项

4.4.5 照度情形精灵

进入照度情形精灵欢迎界面,如图 4 - 97 所示。

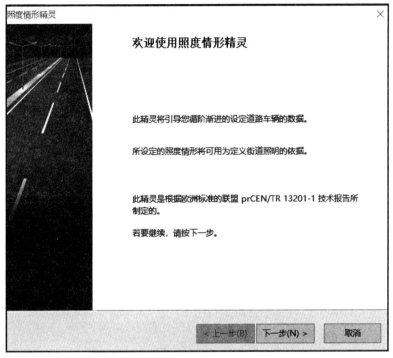

图 4 - 97 照度情形精灵——欢迎画面

这里您可勾选下图所示的四种速度选择栏,来确定主要道路使用者的基本速度。每完成一步后请按"下一步"键来确认,如图 4 - 98 所示。

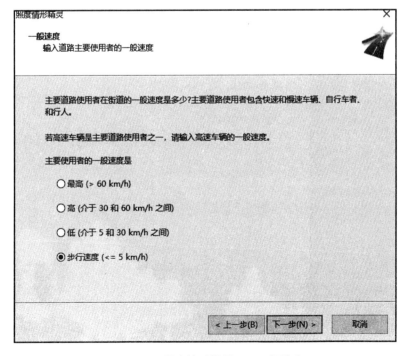

图 4 - 98 照度情形精灵——一般速度

这里可在主要道路使用者和其他使用者窗口内指定获准通行的道路使用者，如图 4 - 99 所示。

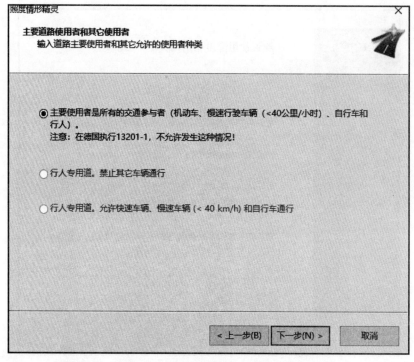

图 4 - 99 照度情形精灵——道路主要使用者和其他使用者

然后出现一个完毕对话框，内有算出的照度种类，如图 4 - 100 所示。

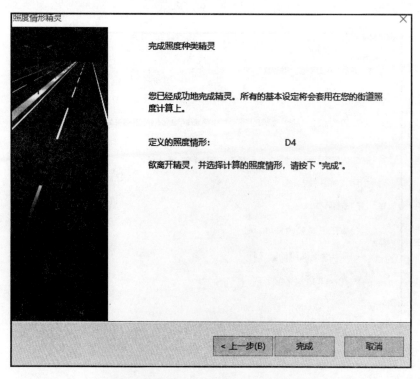

图 4 - 100 照度情形精灵的完毕对话框

在精灵完成计算后,DIALux 会将照度情形的结果直接纳入您的街道设计案中。

同时精灵会顾及您所选的车道组件类型。例如,对车行道的特有要求不会出现于人行道上。

在属性页维护计划方式中,使用者还可计算出维护系数。如图 4-101 所示。

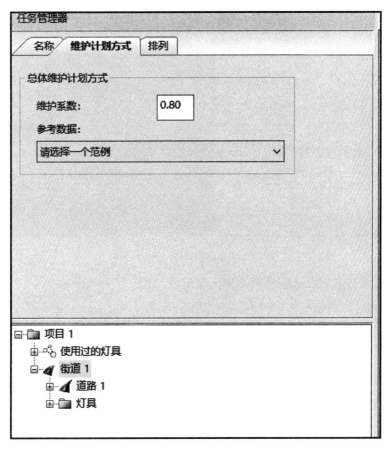

图 4-101　维护计划方式

若一个标准街道有不同的车行道组件时,您可先在任务管理器中标选出该道路,然后在检阅区的排列处对这些组件进行置入、分类和删除。分类时,先用鼠标选出一个车道组件,按住带有箭头的键钮依顺序向上或向下移动,如图 4-102 所示。

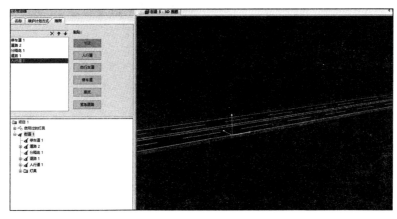

图 4-102　置入和分类车道组件

或者通过菜单→粘贴→街道组件→……来置入街道组件,如图 4 - 103 所示。

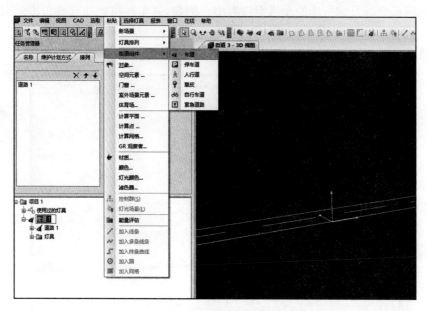

图 4 - 103　用菜单置入街道组件

或者利用鼠标右键在任务管理器中标出街道,如图 4 - 104 所示。

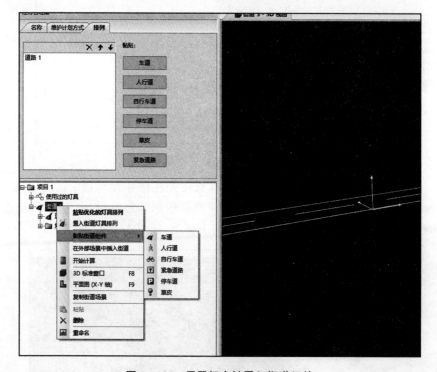

图 4 - 104　用鼠标右键置入街道组件

当您在 CAD 窗口和任务管理器内选取单个车道元件时,检阅区中会显示它们的属性,并供您作任意修改。如图 4 - 105 所示。

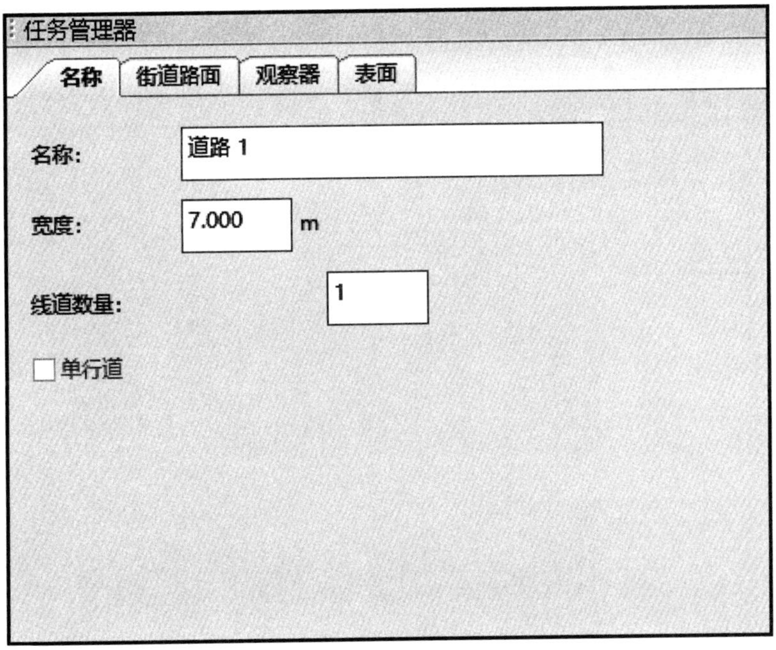

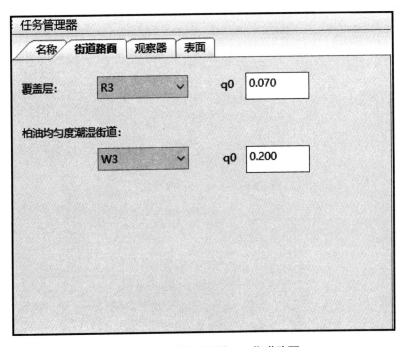

图 4 - 105　车道的属性——名称

若您标选一条车道,就能改变它的属性:

● 车道宽度:4.00 m

● 线道数量:2

● 线道宽度:2.00 m

在属性页街道路面中,您也可对路面和平均光密度系数值作改动。如图 4 - 106 所示。

图 4 - 106　车道的属性——街道路面

每个车道有一个观察员,其计算 T1 的年龄可任意指定。如图 4 – 107 所示。

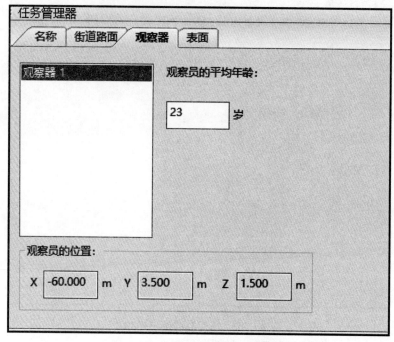

图 4 – 107　车道的属性——观察员

DIALux 会自动按照 EN 欧标安置观察员的位置。观察员总是位于每条线道中心、评估区域前 60 m 处,且距地面 1.5 m。一般来说,每条线道都有一个观察员注视着车行方向。基于其对称性,这里不必要旋转观察员的观察方向。

在属性页表面页面上,您可设定材料、材质和光迹跟踪选项,如图 4 – 108 所示。但所有的设定只改变视图效果,对计算结果并无影响。

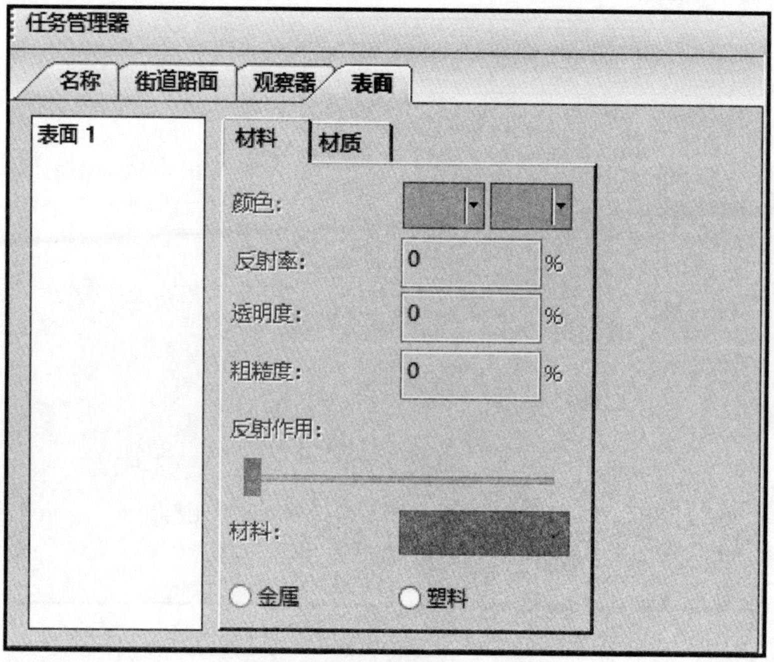

图 4 – 108　车道的属性——表面

在标准设定中,车道中线、停车线和绿化带没有评估区域。但您可以自己置入评估区域,方法是:在任务管理器中标选相应的街道组件,再用鼠标右键选择置入评估区域即可,如图 4 - 109 所示。

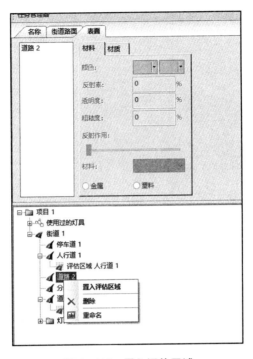

图 4 - 109　置入评估区域

同样,您也可用鼠标右键对评估区域作删除或再命名。

新的 EN 欧洲标准允许不同的车道组件使用相同的评估区域。在精灵中,可通过相应的选项来指定。但在自由设计案中,却需由几个步骤来完成:一般来说,DIALux 先对每个表面(车道中线、停车线和绿化线除外)都设置了一个评估区域。但如果您想对自行车道和人行道共设一个评估区域,则必须先删除现有的评估区域,然后用鼠标选出这两个车道组件,并同时按下 Shift 键和鼠标右键,选择置入评估区域。至此,您就获得了一个为两条车道元件所共有的评估区域,如图 4 - 110 所示。

若您在任务管理器中标选一个评估区域,检阅区内就会显示属性页面计算网格,如图 4 - 111 所示。

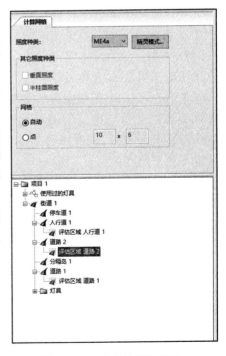

图 4 - 110　共同的评估区域

113

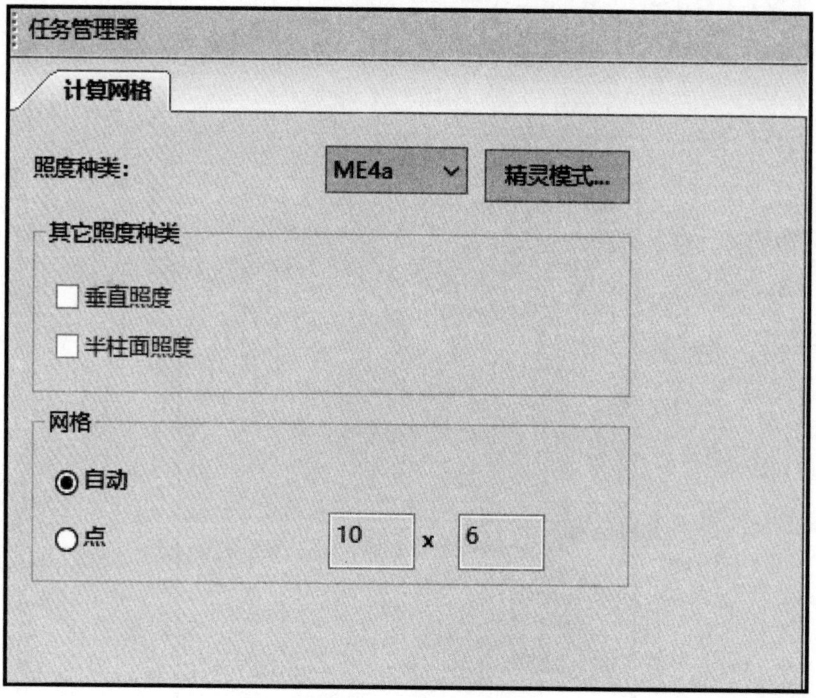

图 4 - 111　计算网格

　　计算网格会自动依据欧标 EN 13201 设定。若您勾选了"自动选项"格,软件就会按照光点距离来选择计算点的正确数量,如图 4 - 112 所示。若您想选择标准以外的网格,则可勾选小方格"点",并输入 X 方向(车道纵向)和 Y 方向(车行线宽度)的计算点。

　　注意:由此得出的结果当然与 EN 13201 标准不再吻合。

　　此处您可指定照度种类。您既可从预设的表格中选择照度种类,或者启动以欧标 CEN/TR 13201—1 为基础的计算照度种类的精灵。对您所作的街道照明设计,照度种类包含了一个光源技术要求的简介,而街道照明取决于各种道路使用者在不同类型的交通场地及周围环境中的视觉需求。视道路情况的不同,可选择另外的照度种类,如垂直和半柱形照度。

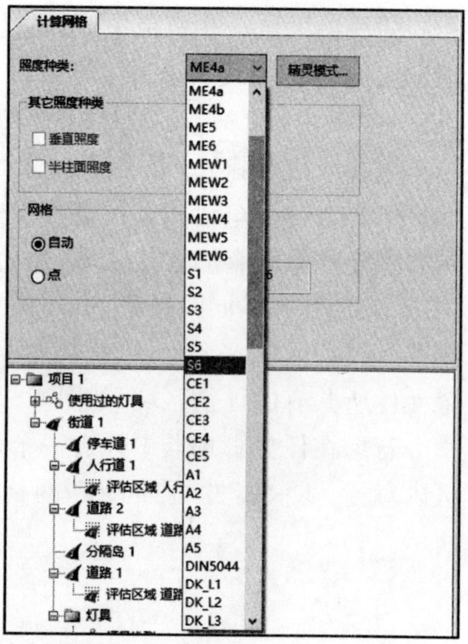

图 4 - 112　计算网格——照度种类

　　对于那些不计算亮度,而是计算照度的评估区域,根据欧洲标准,并视 EN 13201—2 而定,有可能必须计算下列四个照度值。它们是:

●水平照度;
●半球形照度;
●半柱形照度;
●垂直照度。

　　水平照度总是会被计算的。但有些国家却要求计算半球形照度,来取代水平照度的计算。在此,这两种照度都能被计算,并可在报表中勾选打印。在 CEN/TR 13201—1 的表格 4 中,列出了 A—种类来代之 S—种类。同时,DIALux 会在报表中相应改变必要的数值。

●水平照度:计算点必须处于被观察的区域内,并且在与车道表面同等高度的平面上。

●半球形照度:计算点必须处于被观察的区域内,并且在与车道表面同等高度的平面上。

●半柱形照度:评估点必须位于被观察的区域内,并在道路表面 1.5 m 上的平面上。半柱形照度会随着观察方向的改变而改变。与后面平坦表面呈直角的垂直平面必须与步行者的主要行走方向平行,一般来说这总是道路的纵向方向。

●垂直照度:评估点必须位于被观察的区域内。垂直照度平面须位于垂直于步行观察的区域内部,并在垂直于道路表面 1.5 m 的平面上。垂直照度也会随观察方向的改变而改变,垂直照度平面须位于垂直于步行者的主要行走方向,一般来说这总是道路的纵向方向。

确定照度种类的精灵可通过"精灵模式…"键钮来打开(见图 4‐113)。精灵开启后,您会看到一个欢迎界面。

注意:借由精灵来确定照度种类的各个步骤取决于被标选的道路组件的类型。也就是说,不同的道路使用者或不同的道路类型决定了对照度种类的特殊要求。

下面我们将为您介绍一下如何使用精灵辅助来确定一个车道的照度种类。

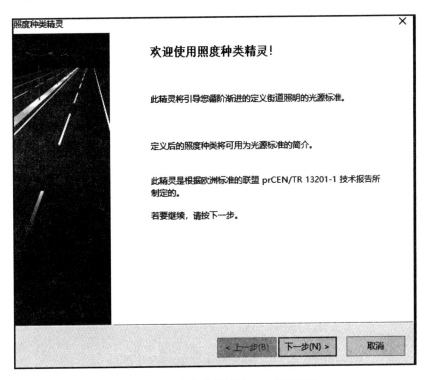

图 4‐113　照度种类精灵——欢迎界面

4.4.6　照度种类精灵

这里可在主要道路使用者和其他使用者窗口内指定获准通行的道路使用者。并按

"下一步"键来确认,如图 4 – 114 所示。

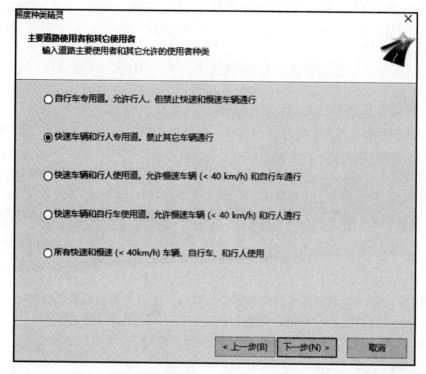

图 4 – 114 照度种类精灵——主要使用者和其他使用者

接着确定是否接受交通预防措施。

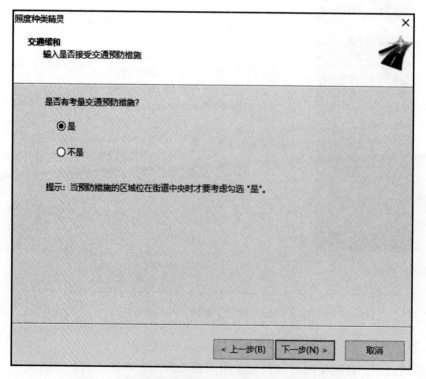

图 4 – 115 照度种类精灵——是否接受交通预防措施

以下窗口中可确定驾车者的驾驶困难度,如图 4-116 所示。

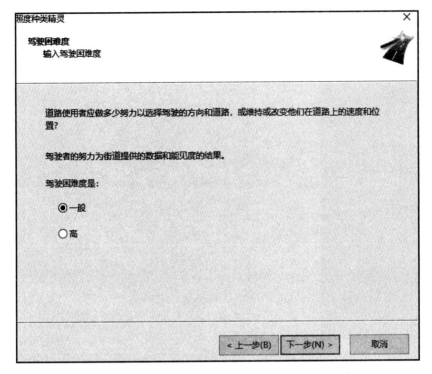

图 4-116　照度种类精灵——驾驶困难度

然后您可选取周围环境的平均亮度水平,如图 4-117 所示。

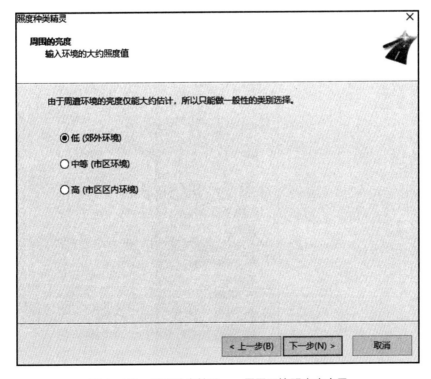

图 4-117　照度种类精灵——周围环境明亮度水平

精灵会在完毕对话框内显示算出的照度种类,如图 4‑118 所示。关闭精灵后,DIALux 就自动将算出的照度种类纳入计算网格。

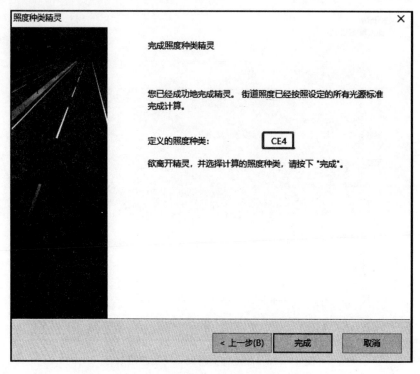

图 4‑118　照度种类精灵完毕对话框

4.4.7　街道照明

您可为一条标准街道置入灯具的多个街道排列,但家具和其他种类的灯具排列除外。需注意的是,评估区域要由置入的排列来确定。

置入街道灯具排列可利用"总览表区",如图 4‑119 所示。

图 4‑119　用"总览表区"来置入街道灯具排列

或先在"任务管理器"中选出街道,再利用菜单中的"粘贴"→"灯具排列"→"街道排列",如图 4‑120 所示。

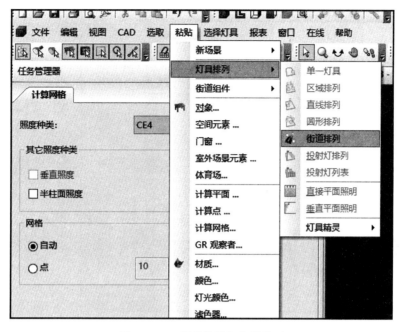

图 4‑120　用菜单置入街道排列

也可在选取的街道上用鼠标右键打开下拉菜单来置入"街道灯具排列",如图 4‑121 所示。

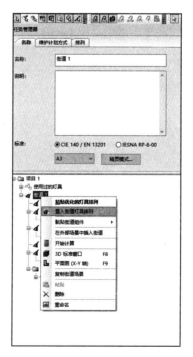

图 4‑121　用鼠标右键置入街道灯具排列

DIALux4.13 为您提供所有用于放置街道灯具的重要参数。首先,须从厂家提供的插件中选择一种应安装的灯具,在选取了"置入街道排列"后,您可从灯具表内选取灯具,如图 4 - 122 所示。

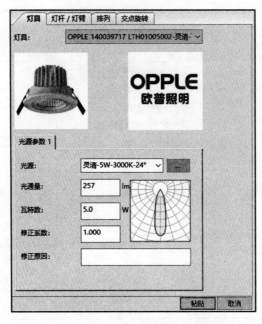

图 4 - 122 置入街道排列——灯具

您可在"属性"页"灯具"中选择灯具,并输入光源参数,如图 4 - 123 所示。

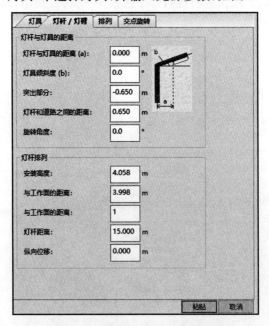

图 4 - 123 置入街道排列——选择灯杆属性

在"属性"页"灯杆/灯臂"中,您同时能对灯臂和灯杆排列的特有属性作出定义。

如图 4 - 123 所示,表示了灯杆与灯具的距离及其灯具的倾斜度。突出部分表示灯具的照明面中心(照明重心)超出道路的距离。灯杆与车道间的距离则指灯杆落地点至车道边缘之间的距离。另外,您还可在此指定灯杆排列。

若要获得最佳的灯具间距,可选取属性页面最优化。在排列类型中,您可定义灯具应在何处沿着街道排放。在此所有的排列类型皆供您选择。如图 4 - 124 所示。

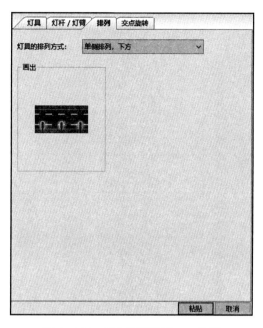

图 4 - 124　置入街道排列——排列

按下"粘贴"键,将灯具排列置入您的街道设计案中。

在街道排列的下拉菜单中,您可分别对灯具排列重新进行最优化。在此用鼠标右键标选出任务管理器中的街道排列。如图 4 - 125 所示。

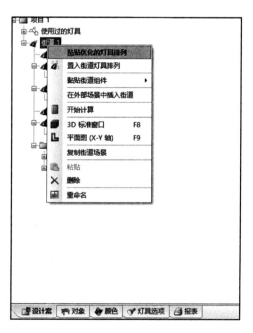

图 4 - 125　街道排列——对排列作最优化

灯具排列总是定义评估区域。若您置入较多的灯具排列,所产生的评估区域则取决于两个灯具间的最大(灯杆)距离,如图 4-126 所示。

在图例中,计算区域由标示出来的下方排列的灯具来决定。

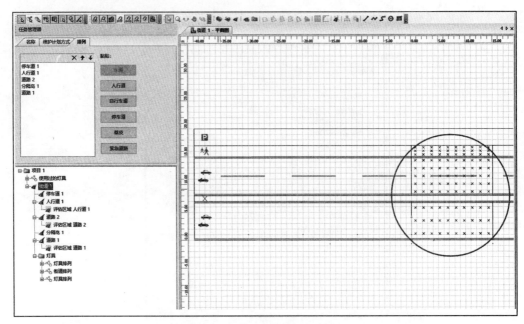

图 4-126　置入街道排列

排列的起始点,相对于评估区域,可通过"灯杆排列"→"纵向移动"来改变。

检阅区会显示被置入灯具排列的光源参数。

同室内和户外场景一样,DIALux 能显示 2D 平面和 3D 立体两种视图,如图 4-127 所示。

图 4-127　街道的立体表现图

　　街道的 3D 显示图,与其他设计案相同,可旋转、缩放、漫游,可作为 ＊.jpg 格式存档、可以立体图形式打印。说明:显示图所表现的是照度分布,而非亮度分布。

　　在平面图中不仅能显示车道组件和灯具,同时也显示评估区域与计算网格,如图 4 - 128 所示。

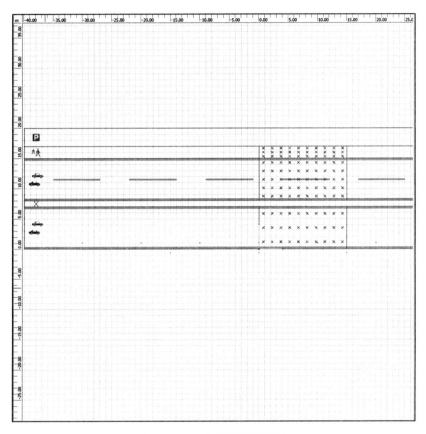

图 4 - 128　街道的平面视图

DIALux 现在还具备一个新的功能,即将街道置入户外场景中,如图 4 - 129 所示。

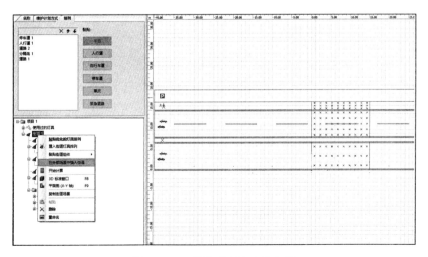

图 4 - 129　将街道插入户外场景

与已制作的街道设计案一致,您能以同样的方式对车道组件和灯具排列进行编辑。而所有车道组件表现为户外场景中的地面组件,如图 4-130 所示。

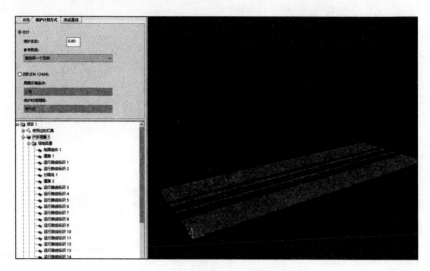

图 4-130 将街道插入户外场景

4.4.8 按照 DIN 5044 标准作亮度计算

2005 年,全欧洲在街道照明方面都实行了 EN 13201 标准。自 3.1.5 版以来,DIALux 可按照该标准作道路照明设计。但对检测现有设置,或在特殊境况下却还常常要用到旧的 DIN 5044 标准。基于此原因,在 DIALux4.2 中又引进了按旧 DIN 5044 标准的设计选项。通过街道属性页中的"照度情形"选择按钮可将计算设定为按 DIN 5044 标准进行。如图 4-131 所示。

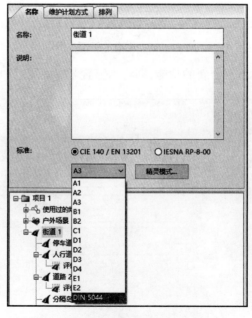

图 4-131 按 DIN 5044 作街道设计

4.4.9　导入 R 表格文件

道路表面是户外场景一个重要的组件。直到 4.7 版才可以从一系列标准表面选择一个道路表面。DIALux 4.13 可以加入或导入您的 R 表格文件(道路表面的收集),并用在户外场景内。方法是点选"文件"→"导入"→"R 表格文件…",如图 4-132 所示。

图 4-132　导入您的 R 表格文件

现在能点选您要的 R 表格文件,并导入 DIALux 内,如图 4-133 所示。

图 4-133　选取一个 R 表格并导入 DIALux 内

注意:已在 DIALux 的 R 表格文件不需要被导入。DIALux 会比较已有的和新的 R 表格,提供一份(负面)结果的报告。

现在能在以下的道路表面对象选取新导入的 R 表格:

1. 街道评估区域(一个街道场景的任务管理器→"计算区域"→"街道计算区域"→"街道评估区域">"街道表面"选单)。

2. 新的/已有的街道案("街道表面"选单)。

3. 快速街道设计精灵(主菜单"档案"→"精灵模式"→"快速街道设计"→第二页:合适的道路)。

若您希望从 DIALux 移除已粘贴的 R 表格文件,必须从 DIALux 文件夹删除。它在 Windows XP 的默认位置,"Documents and settings\All users\Application data\DIALux\RTables"。若您使用 Windows Vista,R 表格文件则在 "Programmers\DIALux\RTable"位置。

4.5　照明策略

4.5.1　使用直接平面照明方案

使用"直接平面照明"粘贴灯具时,一开始应从 DIALux 数据库选取一个或多个灯具。之后,将选取的灯具添加到一个 DIALux 设计案。按下在 DIALux 工具栏的"直接平面照明"键就能粘贴一个新的直接平面灯光,如图 4-134 所示。

图 4-134　选择一个直接平面照明的环境

另一种粘贴直接平面照明的方法是点选 DIALux 菜单的"粘贴"→"灯具排列",如图 4-135 所示。

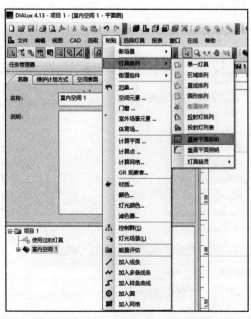

图 4-135　另一种粘贴直接平面照明的方法

　　粘贴一个照明环境后,按鼠标左键,同时移动鼠标在空间内画出一个长方形。这个长方形应是被照亮的直接表面。在窗口左边内按下"粘贴"后,所有设计案中选取的灯具都会被粘贴在空间内。如图 4－136 所示。

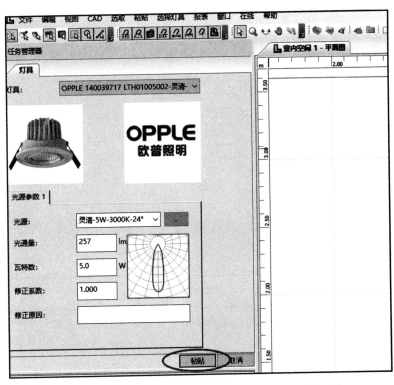

图 4－136　将选取的灯具粘贴一个直接平面照明的环境

　　可以任意修改直接平面照明的空间尺寸。在正方形上选取一个点,再将它移到想要的位置。若在图形内按下鼠标右键,可粘贴更多点,如图 4－137 所示。

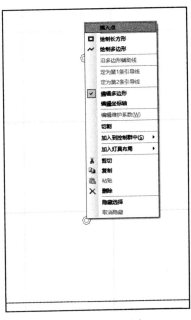

图 4－137　粘贴点

任务管理器提供您多种个别修改设定的功能,如图 4 - 138 所示。

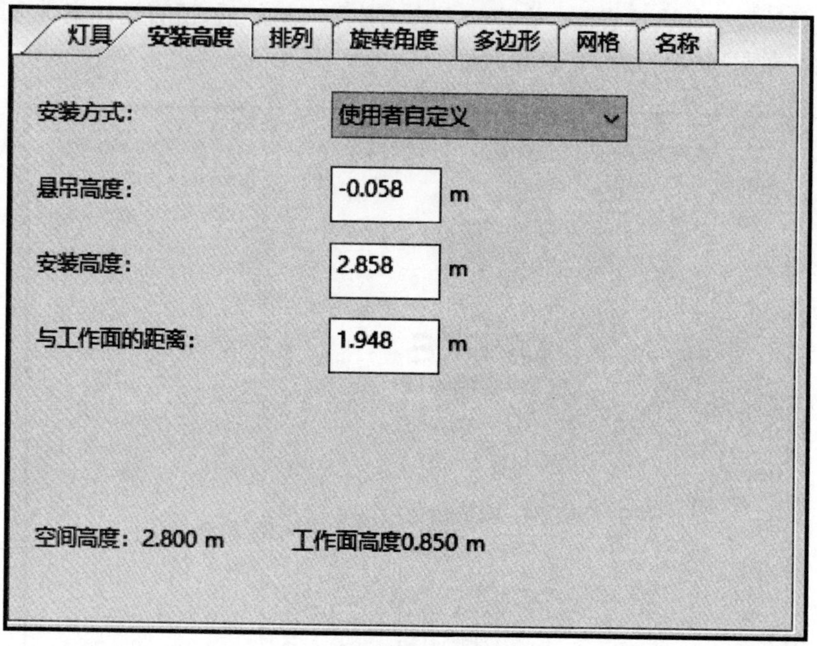

| 灯具 | 安装高度 | 排列 | 旋转角度 | 多边形 | 网格 | 名称 |

安装方式: 　　　　使用者自定义 ✓

悬吊高度: 　　　　-0.058 　m

安装高度: 　　　　2.858 　m

与工作面的距离: 　　1.948 　m

空间高度: 2.800 m　　　工作面高度0.850 m

(1) 改变安装高度

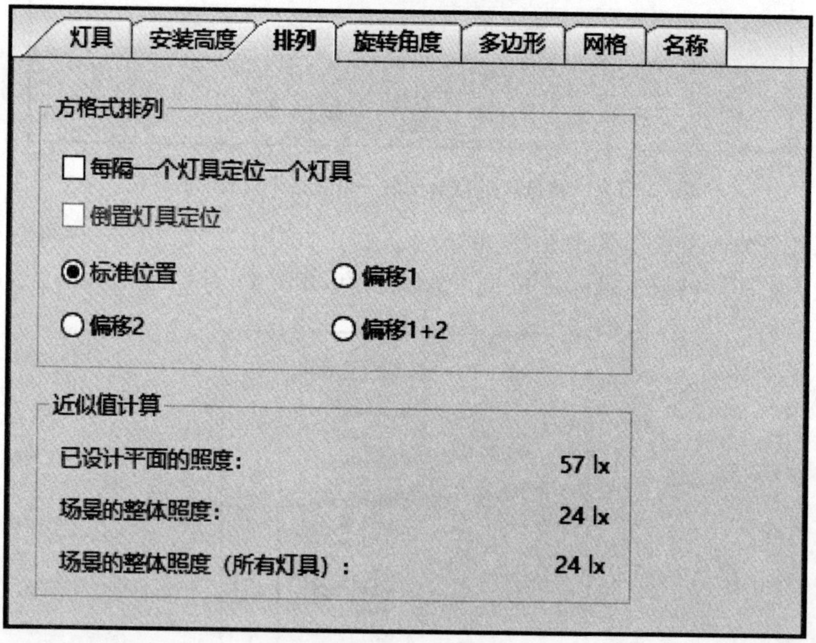

| 灯具 | 安装高度 | 排列 | 旋转角度 | 多边形 | 网格 | 名称 |

方格式排列

☐ 每隔一个灯具定位一个灯具
☐ 倒置灯具定位

◉ 标准位置　　　　○ 偏移1
○ 偏移2　　　　　○ 偏移1+2

近似值计算

已设计平面的照度: 　　　　　57 lx
场景的整体照度: 　　　　　　24 lx
场景的整体照度 (所有灯具): 　24 lx

(2) 改变灯具排列

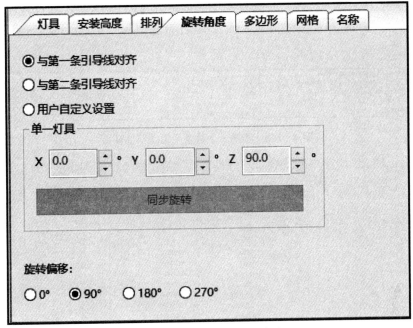

（3）改变单个灯具的旋转角度

图 4‑138　在平面照明情况中改变安装高度、灯具排列和单个灯具的旋转角度

另外，只要按下鼠标右键就能编辑空间尺寸中的两条坐标轴。蓝色及红色虚线代表两条不同的轴。灯具排列在这些轴在线。按下鼠标左键，同时移动鼠标时，能移动坐标轴线。

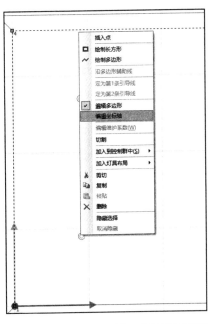

图 4‑139　编辑坐标轴—直接平面照明

4.5.2　使用垂直平面照明方案

使用"垂直平面照明"粘贴灯具，粘贴垂直平面照明的方法与粘贴直接平面照明的过程一样。首先，从 DIALux 数据库选择一个或多个灯具。其次，将这些灯具加到设计案中。按下在 DIALux 工具栏的"垂直平面照明"键就能创造一个垂直平面照明的环境，如图 4－140 所示。

图 4－140　选择一个垂直平面照明的环境

或是，由 DIALux 菜单的"粘贴"/"灯具排列"粘贴垂直平面照明（见图）。

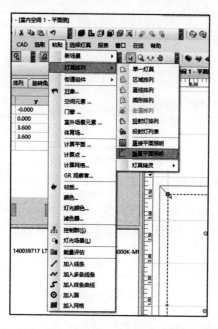

图 4－141　另一种粘贴一个垂直平面照明的方法

　　按下后，会开启一个设计案窗口。现在，画出一条代表灯具排列的线。按下鼠标左键，同时水平地移动鼠标，就能画出一条独特的线。预设中，每一米有一个灯具。在左键的"粘贴"键会粘贴灯具。

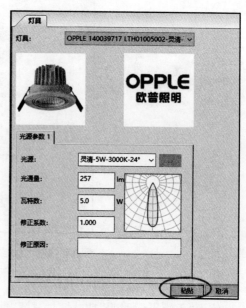

图 4－142　粘贴灯具到一个垂直平面照明的环境

　　和直接平面照明一样,任务管理器提供您多种个别修改设定的功能。您能改变安装高度、灯具排列和单个灯具的旋转角度,如图 4-143 所示。

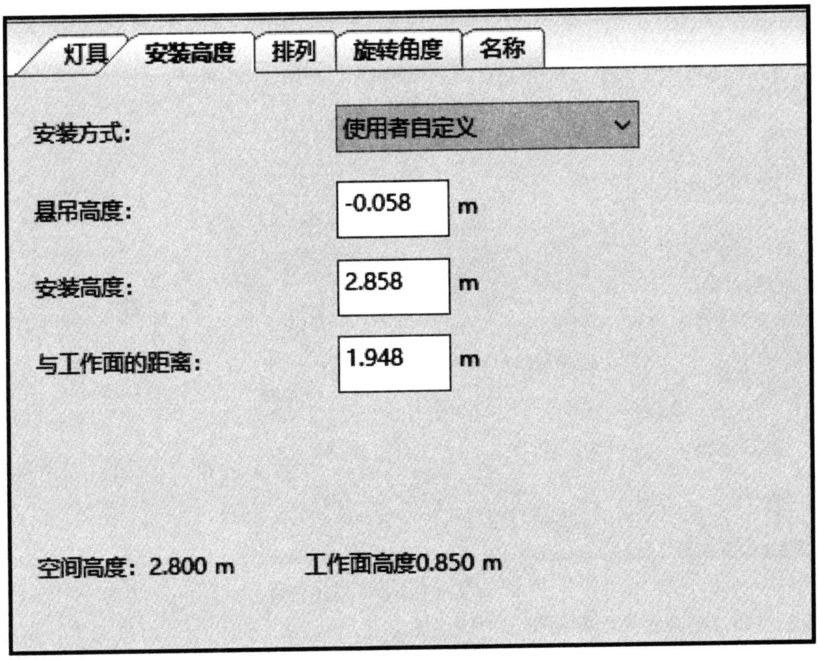

（1）改变安装高度

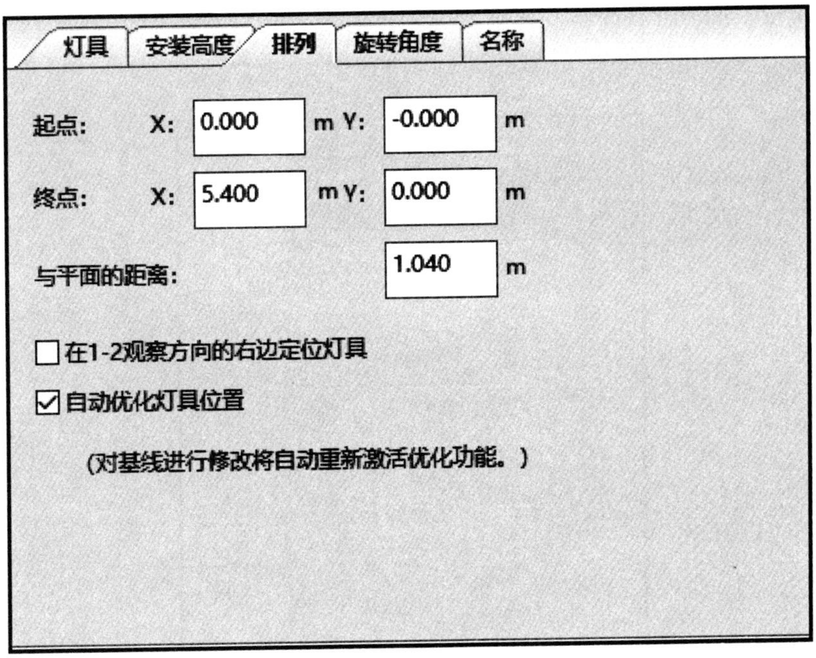

（2）改变灯具排列

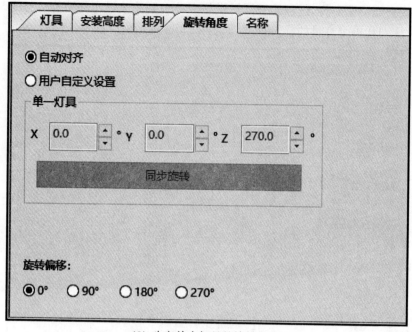

(3) 改变单个灯具的旋转角度

图 4 - 143　在垂直平面照明情况中改变安装高度、灯具排列和单个灯具的旋转角度

另外,只要按下鼠标右键就能编辑空间尺寸中的两条坐标轴。蓝色及红色虚线代表两条不同的坐标轴。灯具就在这些轴在线。要移动这两条轴线只需在轴在线直接按下左键,同时向上或向下移动即可,如图 4 - 144 所示。

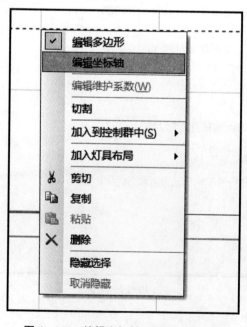

图 4 - 144　编辑坐标轴—垂直平面照明

参考文献

[1] 李忠国.数字电子技能实训[M].北京:人民邮电出版社,2006.

[2] 裴蓓.传感器与自动检测技术[M].北京:电子工业出版社,2015.

[3] 刘晓阳.数字电子技术案例例程[M].北京:中国水利水电出版社,2012.

[4] 黎小桃,余秋香.数字电子电路分析与应用[M].北京:北京理工大学出版社,2014.

[5] 陈亚丽,张超凡.现代检测技术实例教程[M].北京:人民邮电出版社,2016.

[6] 王前.自动检测技术[M].北京:北京航空航天大学出版社,2013.

[7] 刘化君.物联网技术[M].北京:电子工业出版社,2010.

[8] 周良权.模拟电子技术基础[M].5 版.北京:高等教育出版社,2016.

[9] 康华光.电子技术基础[M].5 版.北京:高等教育出版社,2006.

[10] 陈大钦.电子技术基础[M].2 版.北京:高等教育出版社,2000.

[11] 王静霞.单片机应用技术[M].3 版.北京:电子工业出版社,2016.

学习资源